PERFECT
PET
OWNER'S
GUIDES

飼い方から
品種、健康管理、
コミュニケーションまで

増補改訂 オカメインコ完全飼育

著――すずき莉萌
医療監修――三輪恭嗣 日本エキゾチック動物医療センター院長
品種監修――島森尚子
写真――井川俊彦

SEIBUNDO
SHINKOSHA

PERFECT PET OWNER'S GUIDES

目次

はじめに Introduction

ストレスの多い現代社会。そんな中で、穏やかで愛らしいオカメインコとの暮らしは、飼う人にたくさんの安らぎや癒しをもたらしてくれることでしょう。

まっすぐな愛情で甘え、一緒にいる喜びを全身で表現し、時には静かに寄り添ってくれるオカメインコたちですが、それと同時に、怒りや悲しみ、孤独といった感情も有していて、時には落ち込んだり、いじけてしまったりすることもあります。

本書では、そんなオカメインコたちの住まいのこと、食餌のこと、毎日の暮らしのこと、健康のことなど、日々の生活の中でわたしたちが留意すべきこと、そしてオカメインコとの暮らしの中で起こるさまざまな疑問や問題について取り上げています。

医療に関するページについては、エキゾチックアニマル医療におけるパイオニア、日本エキゾチック動物医療センターの院長であり獣医学博士の三輪恭嗣先生にご監修いただきました。

また、多くのオカメインコ愛好家の方たちにもご満足していただけるよう、ヤマザキ動物看護大学教授の島森尚子先生に、オカメインコの品種や遺伝に関する情報を執筆して頂きました。

はじめてオカメインコを飼う方からベテランの飼い主さんまで、オカメインコとの幸せな暮らしに本書を役立てて頂ければ幸いです。

2024年 春　すずき莉萌

カラーアルバム（品種紹介）

Color Album

ノーマル

ホワイトフェイス

（ブルー）

♀

ルチノー 幼鳥

（伴性遺伝ルチノー）

パステルフェイス

（パーブルー）

♂

パール 幼鳥

（オパーリン）

シナモン 幼鳥

（シナモン）

パイド

ファロー

（ファロー）

エメラルド
（サフューズドイエロー）

アルビノ

（ブルー・伴性遺伝ルチノー）

ホワイトフェイス・パール

（ブルー・オパーリン）

♀

ホワイトフェイス・パイド 幼鳥

（ブルー・パイド）

ホワイトフェイス・クリアパイド 幼鳥

（ブルー・パイド）

ホワイトフェイス・エメラルド

（ブルー・サフューズドイエロー）

♀

ホワイトフェイス・レセッシブシルバー

（ブルー・アッシェンファロー）

♀

ホワイトフェイス・ドミナントシルバー・シングルファクター

（ブルー・ドミナントダイルート・シングルファクター）

♂

ホワイトフェイス・ドミナント シルバー・ダブルファクター

（ブルー・ドミナントダイルート・ダブルファクター）

ホワイトフェイス・レセッシブシルバー・パール・パイド

（ブルー・アッシェンファロー・オパーリン・パイド）

ホワイトフェイス・シナモン・パイド 幼鳥

（ブルー・シナモン・パイド）

ホワイトフェイス・シナモン・パール・パイド

（ブルー・シナモン・オパーリン・パイド）

パステルフェイス・ドミナントシルバー・ダブルファクター

（パーブルー・ドミナントダイルート・ダブルファクター）

パステルフェイス・ファロー

（パーブルー・ファロー）

パステルフェイス・エメラルド

（パーブルー・サフューズドイエロー）

シナモン・パール

（シナモン・オパーリン）

パール・パイド 幼鳥

（オパーリン・パイド）

イエローフェイス・ファロー

（イエローフェイス・ファロー）

♀

ドミナント・イエローチーク・パイド

（ドミナント・イエローチーク・パイド）

♂

ドミナント・
イエローチーク・ルチノー

（ドミナント・イエローチーク・
伴性遺伝ルチノー）

ドミナント・イエローチーク・エメラルド

（ドミナント・イエローチーク・
サフューズドイエロー）

ドミナント・イエローチーク・ルチノー・パール

（ドミナント・イエローチーク・
伴性遺伝ルチノー・オパーリン）

イエローフェイス・シナモン・パール・パイド

（イエローフェイス・シナモン・オパーリン・パイド）

♂

野生に暮らすオカメインコたち

© AAK Nature Watch

20〜30羽程度の群れが多く、干ばつなどの状況以外では大群を構成することはない

© AAK Nature Watch

長時間、慎重に偵察や下見を続け、ようやく水辺に降りてくるオカメインコ

野生に暮らすオカメインコたち

© AAK Nature Watch

赤土の地面の上に降りて栄養を補給している様子

ユーカリの樹洞で営巣するつがい。オスが見張りをし、メスが樹洞から顔を出している

PERFECT
PET
OWNER'S
GUIDES

Chapter 1

オカメインコについて

基礎知識

オカメインコは、今やセキセイインコと人気を二分する代表的なコンパニオンバードです。

彼らと共に暮らす上で欠かせない基礎知識について、まずご紹介します。

オカメインコを飼うということ

オカメインコは愛嬌のあるしぐさや表情に加え、日本の気候に順化し、飼いやすく丈夫な種ともいわれ、コンパニオンバードとして人気が定着した感があります。

オカメインコはわたしたちが手塩にかけて可愛がれば可愛がるほど、愛情いっぱいでそれ以上に応えてくれる小鳥です。

オカメインコとの生活は、毎日の暮らしに彩りを添えてくれることでしょう。

その一方で、飼育する以上は覚悟を決めなくてはいけないところもあります。オカメインコはわたしたち同様、かけがえのない命を持つ大自然の一部でもあるからです。

オカメインコは、大好きな人と触れあう喜びを全身で表してくれます。でも、それだけではありません。

オカメインコも怒りや不安、悲しみといった感情を持ちあわせていて、時にはその感情を激しくぶつけてくることもあります。

また、ケガや病気になれば、ヒトと同様に痛みや苦しみも感じる存在でもあることを忘れてはなりません。

言葉を持たないオカメインコたちのために、彼らの暮らしに問題が生じていないか、日々のお世話の際にはつぶさに観察し、飼育方法もオカメインコの目線で、季節やライフステージ、生活環境によって細やかに見直していく必要があります。

また、インターネット上に流れる玉石混交な知識を飼育に取り入れることも、命を預かる立場である以上、慎重でありたいものです。

ただ、飼い主の側から愛情を一方的に押し付けられているようでは、飼育される側のオカメインコも幸せにはなれません。

情報を正しく取捨選択できるようになるためにもまず、オカメインコに関する基本的知識を身につけ、飼育に役立てましょう。

オカメインコの分類と性質

分類学上では「オウム」の仲間

日本では「オカメインコ」という和名で呼ばれていますが、オカメインコは分類学上では「インコ目(オウム目)オウム科オカメインコ属」に属するオウムの仲間です。オウムとインコの違いについては、頭頂部の冠羽の有無や体色などによって区別されています。

性質

オカメインコは争いごとを好まず、表情がたいへん豊かでコンパニオンバードの資質にあふれた小鳥です。

音や光、振動といった外部からの刺激に対して、少々、繊細な一面はありますが、他のコンパニオンバードたちと比べ、極端に臆病というほどではありません。

また、オカメインコは探究心や学習能力も高いので、飼い主はさまざまなコミュニケーションを通じて、じっくりとオカメインコとの絆を深めてゆくことが可能です。

さらに、争いごとを好まない傾向があることからも、複数で飼育しやすく、広めのケージさえ用意できれば、セキセイインコなど他の種の小鳥とも一緒に飼育できます。

そんなオカメインコたちですが、ヒトと同様に個体差もあります。そのオカメインコが育ってきた環境によっては、攻撃性が高まっていることもあり、なかには咬みつきや毛引き癖のある個体もいますので、オカメインコだから大人しく咬まない、と考えるのは間違いです。

カラー

オカメインコの原種(ノーマル種)のカラーはグレー色です。

白い翼帯と顔、チークパッチ以外は、濃いグレー色をしています。

オスの成鳥は顔部分が明るい黄色でオレンジ色のチークパッチがあります。

メスの顔の色はクリーム色の混じった淡いグレー色でチークパッチもオスに比べると不明瞭な色彩です。

ノーマル種以外のすべての品種は、突然変異による色変わりを血統的に固定することで作出された品種改良種です。

♂(オス)

♀(メス)

個体差はありますが、心身共にタフなオカメインコを希望するなら、原種であるノーマル種をお勧めします。

飼育を決める前にクリアにしておきたいこと

脂粉の多さ

尾羽の付け根にある尾脂腺という分泌腺から出る脂と、粉綿羽と呼ばれる羽から出る白く細かい粉が脂粉です。ヒトでいう「フケ」のようなものです。他のインコやオウム類からも脂粉は出ますが、特に白色系のオカメインコやオウムに脂粉は多い傾向があります。こまめな掃除で対応するしかないのですが、脂粉は人間にとってアレルギーの原因となることがあるため、喘息など呼吸器系疾患がある場合、注意が必要です。

鳴き声の大きさ

遠くまで良く通る声です。隣の部屋で電話していても、電話の相手にオカメインコの声がはっきりと聞こえるといわれるほどです。また、群れで暮らしていた名残りか、孤独を好まず、仲間を呼ぼうと、ひたすら鳴きつづけることがあります(呼び鳴き)。対処としては、つがいや複数で飼育する、人の気配のある場所で飼育するなど、オカメインコが寂しくならないよう配慮をすること等が挙げられますが、これだけでは完全な解決策にはならないため、鳴き声の大きさや頻度に関しては、ある程度の覚悟が必要です。

寿命の長さ

飼育下にあるオカメインコの平均寿命は、およそ20年。小型のコンパニオンバードの中では長寿命な部類といえます。

ただ、家庭で手乗り鳥として飼育されているオカメインコには、10歳前後で亡くなるケースも多く、その一方で、30年以上生きたという記録もあります。

愛鳥が寿命を全うするまで責任を持って飼い続けることができるか、共に暮らしはじめる前によく検討したいものです。

野生下での暮らし

オカメインコのふるさと

オーストラリア大陸は世界の大陸でもっとも平均標高が低く、土地が平坦で乾燥した地帯といわれています。その上、特に降雨量の少ない大陸でもあります。

オーストラリアを観光しても、オカメインコを見かける機会がないのは、オーストラリアで人気がある観光地のほとんどが、沿岸に集中しているからです。

沿岸地域でも冬の間、稀にオカメインコが観察されることもありますが、それらは極度な乾燥から逃れてきたケースと考えられます。

オカメインコは、オーストラリア内陸部のアウトバックと呼ばれる乾燥地帯に広く分布し、同じオーストラリア出身のセキセイインコやモモイロインコと、ほぼ同じ地域に生息しています。

オカメインコをはじめとする、これらのインコたちが生息する内陸部は、オーストラリアの中ではもちろんのこと、世界的に見ても人口密度が極めて低く、荒涼とした大地が続く場所です。

野生のオカメインコたちは渡り鳥ではなく留鳥ですが、一か所に定住しているわけではなく、天候や降雨量によって、臨機応変に餌場や水場を求めて広い地域を移動しながら暮らしています。

例えば、オカメインコを観察しやすい地域のひとつといわれる、エアーズ・ロックにほど近いアリススプリングスの街を例にとると、冬の夜間は氷点下になることもあるほど冷え込む日がある一方で、夏場にはおよそ36℃まで気温が上昇することもあります。オカメインコたちはかなり気温差の激しい地域に暮らしているといえるでしょう。

オカメインコたちは、この乾いた大地の中で、10〜30羽程度の小さなコロニーを形成し、日中はユーカリやアカシアの木がある川や湖のほとりで、強すぎる日差しを避け、枯れ枝のような佇まいで暮らしています。

セキセイインコは青々とよく茂った木で休息をとることが多い一方、ボディがグレー色のオカメインコはオーストラリアの森の木の四分の三を占めるといわれるユーカリの中でも、枯葉や枯れ枝を好んで休息をとる様子が観察されています。

枯れたユーカリの枝に溶け込むオカメインコの群れ　© AAK Nature Watch

気象データ

【北部準州】 アリススプリングス Alice Springs

月	1月	2月	3月	4月	5月	6月	7月	8月	9月	10月	11月	12月
最高気温 ℃	36.5	35.3	32.9	28.4	23.1	19.9	19.9	22.8	27.5	31.2	33.7	35.5
最低気温 ℃	21.6	20.7	17.6	12.7	8.1	4.9	4	5.9	10.3	14.8	17.9	20.3
降水量 mm	42.8	41.2	30.9	16.6	17.7	13	14.3	8.2	8.7	19.8	31.7	38.4

【北東部 クイーンズランド州北西部 】 マウントアイザ Mount Isa

月	1月	2月	3月	4月	5月	6月	7月	8月	9月	10月	11月	12月
最高気温 ℃	36.6	35.5	34.5	32.1	27.9	25	24.9	27.5	31.5	34.9	36.6	37.4
最低気温 ℃	23.9	23.3	21.8	18.5	13.9	10	8.7	10.2	14.2	18.5	21.5	23.2
降水量 mm	116.6	102.4	66.9	13.3	11.4	6.7	7.5	3.3	8.7	19.1	38.8	70.8

【西部 西オーストラリア州 】 パラブアドゥー Paraburdoo

月	1月	2月	3月	4月	5月	6月	7月	8月	9月	10月	11月	12月
最高気温 ℃	40.8	39.2	37.1	33.8	29	25.1	25.1	27.7	31.5	36.1	38.4	40.7
最低気温 ℃	26.1	25.3	23.6	19.9	14.8	11.3	9.9	11.1	13.9	18.4	21.5	24.8
降水量 mm	57.6	74.5	50.2	23.6	19.2	22.1	12.9	9.6	3.5	3.8	8	25.3

出典: Australian government Bureau of Meteorology http://www.bom.gov.au/

オーストラリア内陸部は、一日の気温差も激しく、オカメインコたちは夜明けと共に活動を開始し、日没前にねぐらに帰るという生活を続けています。

また、オーストラリアでは最速の鳥と呼ばれることもあるオカメインコたちですが、実際にはもっと速く飛ぶ鳥も観察されています。

オーストラリア内陸部に暮らすオカメインコたち

© AAK Nature Watch

コンパニオンバードとしての歴史

オーストラリアに調査のために航海した海洋探検家のイギリス人、ジェームズ・クック（キャプテン・クック）が、オカメインコを研究のために自国に持ち帰ったのが今から250年近く前のことです。英国の鳥類学者ジェーン・レーサムは、冠羽のあるパラキートと呼び、学名を「*Psittacus novae hollandiae*（ニューオランダのオウム）」と命名しましたが、その後、ドイツのヨハン・ワーグラーによって、現在の学名、「*Nymphicus hollandicus*（ニューオランダの妖精）」と命名されました。

なぜそのような学名になったかというと、当時、オーストラリアのことをニュー・オランダと名付けていたことからです。

「オーストラリアの妖精のように愛らしい鳥」、というのが、オカメインコの学名の由来です。そして、オカメインコの英名、「Cockatiel（コッカテイル）」は、ポルトガル語の「Cacatilho（小さなオウム）」に由来しています。

ちなみに、オカメインコの和名、「阿亀鸚哥」・「片福面鸚哥」、は、オカメインコの頬にある特徴的なオレンジ色のチークパッチを、「おかめ」の面になぞらえて付けられた名前のようです。

日本における コンパニオンバードの歴史

日本にオカメインコは、ペット用の小鳥として明治時代の後半に輸入され、やって来ました。

そう考えると、日本におけるオカメインコのコンパニオンバードとしての歴史は長いのですが、華やかな色彩のセキセイインコに比べるとおとなしめの色合いであることや、セキセイインコほどブリーディングが容易ではなく、そのため、価格もセキセイインコに比べると10倍以上とかなり高価であったことなどから、昨今のようにコンパニオンバードとして定着するまでには時間がかかりました。

その後、1970年代に入ると、集合住宅が増えたことにも影響されてでしょうか、飼い鳥ブームが到来します。セキセイインコのみならず、カナリヤや文鳥、十姉妹といったさまざまな小鳥たちがペットとして脚光を浴びるようになりました。

そんな中、じわじわとオカメインコも注目されるようになります。特に大きなきっかけとなったのは、ボディカラーが淡いクリーム色のルチノー種が「白オカメ」と呼ばれ、市場に出回るようになったこともあったようです。

さらに、さまざまな品種が作出され、カラーバリエーションが増えたことも相乗効果となり、コンパニオンバードとしてのオカメインコが定着するようになりました。

オウム病問題で小鳥の人気が下火になったこともありましたが、1980年頃からは、オカメインコのヒナも小鳥店で見かけるようになりました。

しかし、その当時、日本には小鳥を診療できる動物病院はほとんどありませんでした。また、今のように人工飼料（ペレット）も一般的ではなかったことや、セキセイインコに比べて保温やひとり餌への切り替えが難しく、小鳥専用の保温器具もなかったため、家庭で手乗りのオカメインコを育てることは、今ほど容易なことではありませんでした。

平成のオカメインコブーム

バブルの時代には、エキゾチックアニマルが流行し、珍しいコンパニオンバードも海外から続々と輸入されてきました。その後、高病原性鳥インフルエンザの影響などで、鳥類の輸出入が以前にも増して難しくなったため、国内で入手しやすい大きめの小鳥ということで、オカメインコが再び脚光を浴びるようになりました。

性格が穏やかで、複数飼育でもケンカせず、巣引きも上手。派手さはないものの、色変わり種も豊富であるオカメインコが多くのファンに愛され、一過性のブームには終わることなく今日に至っているといえるでしょう。

ゆったりとして落ち着きがあるオカメインコは、特に大人の女性向けのコンパニオンバードとして、飼いたい鳥ランキングでも一位になるほど、今やその人気は不動のものとなりました。

オカメインコの生理学

ヒトとオカメインコは分類学上、だいぶ異なる生き物です。

オカメインコのからだの仕組みを知って、毎日の飼育に役立てましょう。

卵生で育雛する

オカメインコに限ったことではありませんが、鳥類は卵から産まれます。子どもを卵で産む生物は他に魚類や爬虫類、両生類などがいますが、産んだ卵を、その後、親鳥が抱卵し、孵化《ふか》したヒナを育雛《いくすう》するという点に関しては他に類がなく、鳥類特有のシステムといえます。

体温が高い

鳥類の体温は平均して40～43℃近くとたいへん高温で、オカメインコも例外ではありません。

オカメインコたちは高い体温によって基礎代謝を促進させ、飛翔するという激しい運動に伴うエネルギーを得ています。

車のアイドリングをイメージするとわかりやすいかもしれません。そのため、体温が低下すると免疫力も低下し、オカメインコもたちまち体調を崩してしまいます。

羽　毛

全身を覆う羽毛は、鳥類特有のもので、全体重の10%の重さがあります。この羽毛によって身体を保護し、寒いと感じた時には羽毛の間に、自分の体温で温めた空気をためこむようにして、高い体温を保持しています。

翼

飛翔のためだけでなく、繁殖期のディスプレイ（求愛行動）や縄張りの主張、外敵への威嚇等にも用います。

尾　羽

ディスプレイの他、飛翔中の舵取りやブレーキの役割としても活用されています。

羽　毛

からだの表面を覆っている正羽は、空気抵抗をなくし、流線形の体系を維持し、防水や飛翔の際に役立つ羽です。正羽の内側にある綿羽は、体温維持に重要な羽です。一年に一度、全身の羽毛が生え換わります（換羽）。

クチバシがある

鳥類はクチバシを有しています。飛翔に有利なよう、からだを軽量化するため歯ではなくクチバシへと進化させました。クチバシはケラチン質で覆われていて、その内側には血管や神経も通っているため、ぬくもりが感じられます。

インコの仲間は下向きにカーブした上嘴《じょうし》の先端をじょうずに使って、種子を割って食べます。

また、クチバシはグルーミングでちょうど良い長さに整えています(咬耗)。

舌

舌を使って種子の皮を剥くため、筋肉が発達した厚い舌を有しています。モノマネができる理由のひとつです。

鳥肌は立たない

汗腺が殆どないので発汗することはありません。また、汗腺を収縮させることもないので、鳥肌を立てることもありません。

ふたつの瞼

通常の瞼《まぶた》のほか、その内側に瞬膜というゴーグルの役割を果たす膜があります。下から閉じる瞼は天敵にいち早く気づくためのものです。瞼を閉じていても光を感じることができます。

目

視力はヒトの3〜4倍ともいわれ、フルカラーだけでなく紫外線も認識しています。

耳孔

目の斜め下のあたりに耳孔があいています。ふだんは隠れていて見えませんが、ヒトの何倍もの聴覚を有しています。

ろう膜

鼻孔の開いている柔らかい膜のことです。感覚器官でもあります。

骨は中空

鳥類は骨も特徴的です。ヒトは、体重の約20%の重さの骨を持ちますが、鳥類の骨は全体重の5%ほどといわれています。骨の数も少ないうえ、骨の内部は中空になっていて、そこに筋交いのような支柱が複雑に交差し、密度の低い骨の強度を保っています。

【骨格系】

そのう

食物を一時的に蓄えておく消化管の一部です。消化の役割はありません。

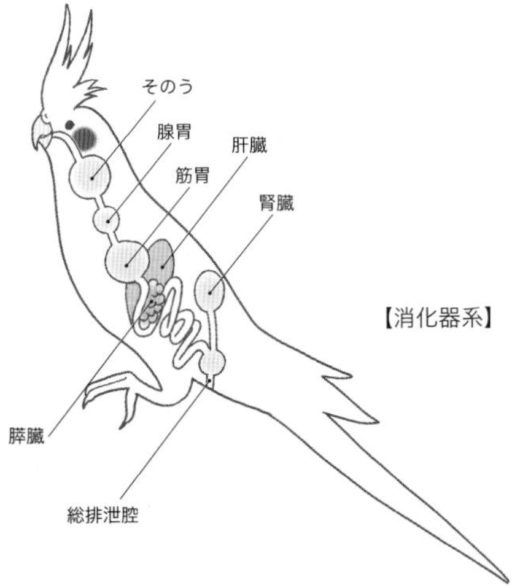

【消化器系】

ふたつの胃

食物は消化管の一部であるそのうから、二つの胃を経て消化されます。

一つめの胃は腺胃や前胃と呼ばれる胃で、そのうから流れてきた食物を消化腺から出る液によって食物を消化します。二つめの胃は筋胃や後胃、砂嚢などと呼ばれる胃で、筋肉質な胃袋で、グリッドを用いて食物を消化します。

気　嚢

肺を収縮させるための横隔膜がないかわりに9つの薄い袋状の気嚢《きのう》を収縮させ、効率的にガス交換をしています。気嚢は浮力に有利に働き、体温調整にも用いられています。

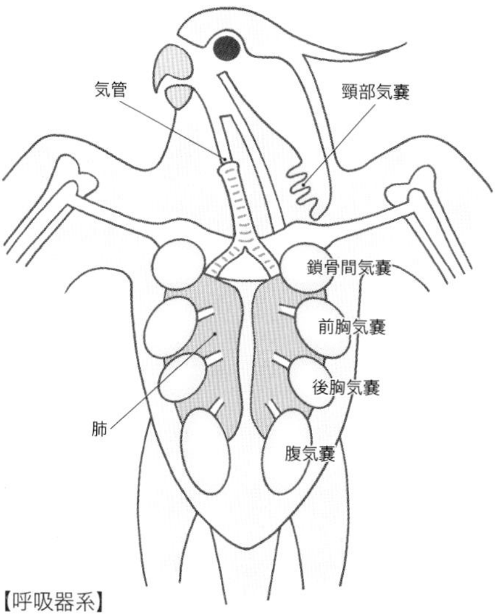

【呼吸器系】

総排泄腔

飛翔に有利なため、排尿、排泄、交尾のすべてを、共通開口部である総排泄腔ひとつで行っています。

趾は対趾足

フィンチ類の趾《あしゆび》が前に三本、後ろに一本の三前趾足であるのに対して、インコ・オウム類の趾の配置は前に二本、後ろに二本の対趾足です。四本の趾を器用に使い、物を掴むオカメインコもいます。

爪

一生伸び続けます。爪には神経も血管も通っています。

尾脂腺（びしせん）

尾羽の付け根あたりにある分泌腺です。ここで分泌する皮脂を全身に塗り、羽の防水性を高めています。

換　羽

古い羽が抜け落ち、新たな羽が生えることを換羽（またはトヤ）と呼びます。

この時期は体調を崩しやすいため、いつもより栄養が必要になります。

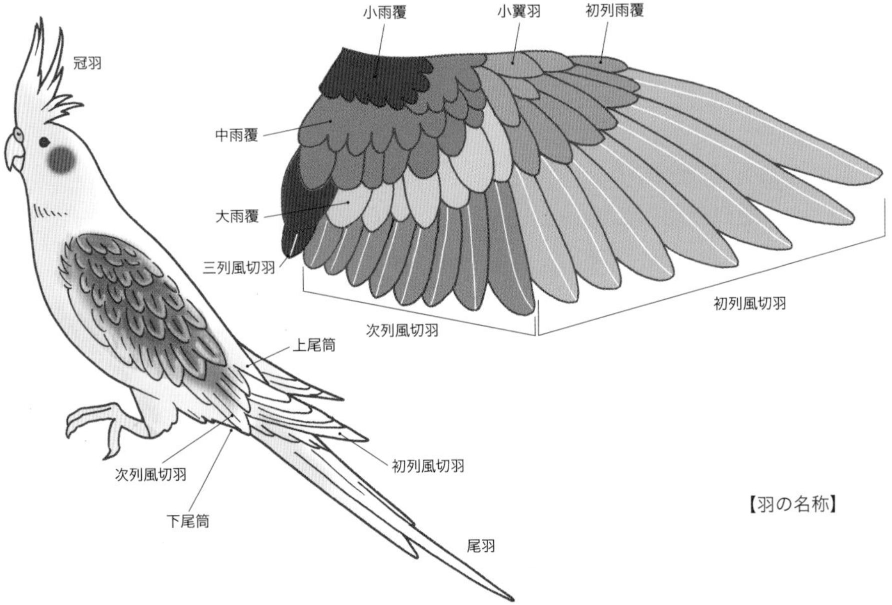

【羽の名称】

体長は30〜35cm（成鳥の場合）

体長とはクチバシの先から尾羽の先までの長さのことです。

翼開長（羽を広げた時の羽の端から端までの長さ）は40cm以上。広いケージが必要です。

体重は80〜120g（成鳥の場合）

からだや骨格の大きさにも個体差があり、適性体重にも差があります。オスに比べメスのほうがやや大きめです。

平均寿命は約20年

中には30年以上生きたオカメインコの記録も残っています。

冠　羽

頭頂部にある飾り羽で、今の気持ちや精神状態によって寝たり立ったりします。

チークパッチ

頬のチークパッチはオカメインコのトレードマークですが、中にはチークパッチのない品種もいます。

名前はインコだけどオウムの仲間

オカメインコという名前ですが、分類学上はれっきとしたオウム科のオウムの仲間です。

雌雄判別

外見的な違い

オス（ノーマル種の場合）

ヒナ～幼鳥のうちには尾羽と風切羽の裏側に縞模様があるが成鳥になると消失します。

ヒナのうちはくすんだ顔の色も成鳥では鮮やかな黄色で、チークパッチのオレンジ色もはっきりしています。

メス（ノーマル種の場合）

尾羽と風切羽の裏側に白っぽい縞模様があります。

顔の色はオスに比べてくすみ、チークパッチもグレーがかったオレンジ色です。

ノーマル種以外の品種の雌雄判別

ノーマル種以外の幼鳥やメスにも尾羽の裏と風切羽の裏側に縞模様がありますが、うっすらとしていて見えづらく、陰影のように見えることがあります。

パイド系やルチノー、WFルチノーなどは縞模様がたいへん見えづらく、さらに縞模様が消えるまで時間がかかる個体もあるため、外見で雌雄判別をするには生後1年以上かかる場合もあります。

オスの場合、生後3か月頃からディスプレイ（繁殖行動）が見られるようになるので、早くから行動で判断できることもあります。

パール系のオスのパール模様は成長にともない消失しますが、ごくわずかに残る場合があります。

行動的な違い

オス

- よく通る声で長くさえずる
- コツコツと止まり木や床をクチバシで叩く
- 尾羽を拡げダンスするように跳ねたり首をかしげたりする
- 止まり木やおもちゃなど一定の物に吐き戻しをする

メス

- 鳴き声はオスに比べてこもっていて短い
- オスに比べて大人しく落ち着きがある
- 体勢を低くし、尾羽を上に逸らすポーズをとる

巣引きを希望している時など、早くから雌雄をはっきりさせたい時は、鳥に詳しい動物病院にて羽毛や血液によるDNA雌雄鑑定を依頼するか、遺伝的に性別が判明している個体を入手するという方法があります。

COLUMN

早期母子分離による分離不安

ヒトだけでなく動物も、生まれてから充分に母親のもとで過ごすことができず、早い時期に母子分離を余儀なくされると、成長段階で支障が出ることがあります。心理学上ではこのような問題のことを「愛着（アタッチメント）障害」と呼びます。

特に犬や大型インコ・オウムなどの、分離不安からくる咬みつきや激しい鳴き声といった問題行動は深刻です。

それに比べてオカメインコはからだも小柄で、もともと攻撃性も低く、鳴き声も防音対策で対応できる範囲であることから、「個性」として扱われ、分離不安が問題視されることは、今まであまりありませんでした。

ヒナの頃から大切に育てたものの、コンパニオンバードとして、どこか扱いづらさが残る――。

もし、そんなオカメインコがいたら、早期母子分離による分離不安を疑い、適切なコミュニケーションをとることで関係を改善し、愛鳥の不安を減らしましょう。

不安の正体

不安という感情は、動物が生き延びるためには無くてはならないものです。不安を感じることで自分を脅かす危機に備え、その危機から逃れる原動力となるからです。

ただ、それはイザという時の話で、常に何かに不安を感じてしまうようだと日常生活に支障が出るのはヒトも鳥も同じことです。

親鳥の育雛放棄やヒナの体調不良などで、親鳥のもとで充分に世話を受けることのないまま、あるいは、きょうだい鳥とじゃれ合う機会のないまま、早い時期に巣から出されたコンパニオンバードの中には、親に甘える（依存）経験がないまま、独り立ちさせられてしまったことで、極度に臆病、あるいは攻撃的になる傾向が見られます。これは精神的な自立の失敗ともいえ、慢性的な「見捨てられ不安」を抱えてしまうことがあります。

早期母子分離の弊害

カーテンをひく音や、机からペンが転がり落ちる音など、ちょっとした生活音にも過敏に反応し、パニックを起こす。

あるいは、極度にヒトを怖がり、恐怖から咬みつこうとする。

飼い主や家族の姿が見えなくなると、いつまでも悲鳴のような呼び鳴きを続け、それでも誰も来ないとなると、エサも食べずにケージの隅に固まってしまう―。

そんな気難しいインコにしないために飼い主として何が出来るのでしょうか。

分離不安への対応

オカメインコは他のインコに比べ、さし餌の期間も長くなりがちです。そんなことからも、親鳥や親鳥に代わる存在に対して依存していたい時期が長めであると考えられます。

ですから、ヒナのうちはたっぷり甘えさせてあげましょう。といっても、用もないのに、寝ているヒナを起こして遊ぶような行為は慎むべきです。そういった行為はかえってヒナの不安を煽ることになります。

ヒナのうちは食べて寝ることが仕事ですから、しっかりと食べさせたあとは、静かに薄暗くしたふごの中などで、温かくしてゆっくりと休ませましょう。

また、呼び鳴きがうるさいからと愛鳥を家族とは別の場所に隔離するようなことも考えものです。

不安で呼び鳴きをしているのであれば、ケージが安心・安全な場所であり、見えない場所でも飼い主や家族がいつも気にかけていることを愛鳥に認識させてください。

ここで無視を続けてしまうと、「脱愛着」といって、愛情を寄せる対象（飼い主）への心理的断絶を引き起こします。

口笛でも返事でもかまいません。「ここにいるよ」、「大切に思っているよ」ということを、オカメインコにわかりやすく伝えましょう。

そして、巣立ちの時期を迎えたら愛鳥を家以外の場所に連れ出してください。オカメインコにも「社会化」は必要です。

さまざまな場所でさまざまな人と触れ合うことで、社交性を高め、愛鳥の分離不安を解消してゆきましょう。

Exposé au sud
Tres beau pay sage

PERFECT PET OWNER'S GUIDES

Chapter 2

飼育

毎日の健康管理

オカメインコの健やかな毎日のために、日々のお世話の中での健康チェックを習慣にしましょう。愛鳥の食餌《しょくじ》の量やフンの状態、体重の変化といった、ちょっとした異変に気付くことができる飼い主でありたいものです。

日々のお世話

ケージを置く場所

オカメインコのケージを置く場所は、愛鳥の目線で見て落ち着いて過ごせるところ、家族の気配がいつも感じられるところがベストです。

テレビやオーディオの騒音、振動があるところや電話のそば、夜間に外から光が差し込むようなところは避け、外部からの刺激が少ない場所をケージの定位置にします。

起きている時間は
日の出から日の入りの時間を参考に

室内で暮らすオカメインコたちも、季節のうつろいを敏感に感じながら暮らしています。そして、わたしたち同様、一日のリズムを作り出す体内時計も有しています。

体内時計が乱れると、生活習慣病や肥満といった問題を引き起こす原因になり、長い日照時間は過剰な発情を促します。できるだけ愛鳥が起きて活動している時間、就寝する時間は、自然に近い形になるよう心がけたいものです。

とはいっても、飼育者のライフスタイルによっては、それでは放鳥の時間がなくなってしまうということもあるでしょう。飼育下にある小鳥たちには、午睡の時間もたっぷり用意されていますので、無理のない範囲で少しずつ実践していきましょう。

具体的には、朝は5時頃から、遅くても8

時までにはケージカバーを外して明るくし、夜は20時頃までにはケージカバーをかけて眠りにつけるようにしたいものです。

オカメインコを起こしておく時間としては、春から夏の間は14時間程度、秋から冬の間なら10〜11時間程度を目安にしましょう。

エサと水の交換

毎朝、エサと水を交換します。シード食の場合、上から注ぎ足してしまうと偏った種子しか食べなくなるので、どの種子もまんべんなく食べきることができるように工夫します。

水は一日に一度といわず、汚れたらこまめに交換してください。特に夏場はエサやフンが入った水を放置すると菌が繁殖し、腐敗しやすくなるので気を付けましょう。

適切な食餌の量とは

オカメインコは体重と比較し、10%のエサが必要な食餌量となります。これに加え、食べこぼす分とシード食であれば殻の重さ分を加えた量が、オカメインコ一羽につき一日に与えるエサの量ということになります。

例えば体重が100gのオカメインコであれば、必要なエサの量は10gプラスアルファですが、万が一のことも考え、エサ入れには毎日、体重に対しておよそ20%のエサを入れるようにします。

皮つきのシードが主食の場合は、ペレットに比べると殻の量や食べこぼしが多くなりがちですから、体重の25〜30%ほどの量をエサ入れに入れておくと安心です。

オカメインコのダイエットを考えるなら、まずはおやつを控える、ペレットをダイエットタイプのものに替えるといったことからはじめましょう。

青菜の交換

青菜は週に4、5回程度の頻度で与えます。完全栄養食であるペレットの場合は不要ですが、オカメインコの食の愉しみという観点から見ると、わずかな量でも青菜を与えることをお勧めします。

花瓶タイプの菜差しは水が傷みやすいので、愛鳥が青菜をほどよく食べ終わったら菜差しごと早めに取り除きましょう。

体重測定

エサをきちんと食べているかを調べるには、キッチンスケールを用いて、エサの量を計測する方法と、愛鳥の体重を測る方法があります。

量を計測してからエサを与え、翌朝、残った量を計測して食べた量を算出する方法だと、食べこぼしたエサも含まれてしまいます。

体重を調べる場合、毎日の放鳥の際に、愛鳥を透明ケースに入れるか、止まり木スタンドに乗せてキッチンスケールの上に乗せ、体重を計測します。

ヒナの場合は、キッチンスケールで食べる前の体重を、食べ終わった後の体重から引けば、それがその回に食べたエサの量ということになります。

体重は季節のうつろいや換羽・発情により、日々、緩やかに変化しています。

体重の推移をこまめに記録しておくことで、体重の変化が季節性のものか、病気によるものかなどを推測することが可能になります。

肥満に関しては、日ごろから腹部の張り具合をチェックしておくと、肥満や食べ過ぎていないか等の判断がつくようになります。

排泄物のチェック

フンの量や色、状態も健康管理の目安になります。

愛鳥のフンの大きさや、毎日のおよそのフンの数を知っておきましょう。いざという時の健康管理に役立ちます。だいたいの色や形、固さもチェックしておけば尚よしです。

健康なオカメインコのフンは、シードを主食にしている場合は深緑色と白、ペレットを主食にしている場合は、薄茶色と白の半固形状のフンになります。（色つきのペレットを食べている場合はこの限りではありません。フンの白い部分が尿酸です。）

フンの量が減った、フンが水っぽくなった、エサを変えていないのに、色が変化したといったことがあれば、愛鳥のからだに何か異変が起こっているのかもしれません。

野菜やくだものの食べ過ぎなどで、フンが緩くなってしまったら、それらを速やかに減らしましょう。

ケージの清掃

ケージの金網の底には新聞紙やキッチンペーパーを敷いておき、毎日、交換します。

この際に排泄物の色や形、量を確認します。

また、抜け落ちた羽の量も観察しておくと、愛鳥の体調の変化や換羽・産卵の兆候等に早く気づくことができます。

歯ブラシなどを用いて、エサ入れや水入れ、副食入れ、菜差しは特にすみずみまで洗浄しましょう。

飼育用品の点検

ケージに設置したおもちゃの紐が緩んでいたり、ビーズや鈴が外れかかっていたりしたら、取り換えるか修理をします。止まり木のささくれ等、ケガをするような鋭利な部分がないかもチェックします。

吐き戻しによる止まり木やおもちゃの汚れ等も不衛生ですので早めに取り除き、洗浄しましょう。

定期的に消毒を行う

毎日行う必要はありませんが、週末など時間がとれる日で晴れた時に、ケージを分解し、エサ入れや止まり木も含め、丸ごと熱湯消毒します。

熱湯消毒を行った飼育用品は水分を拭き取り、晴れていれば太陽の光に当てて2時間ほどしっかり乾かすと、紫外線による殺菌効果も期待できます。

プラスティック素材の変形が気になるようなら、希釈した漂白剤や赤ちゃん用品の消毒液(ミルトンなど)を用いてバケツに希釈液を入れ、薬液消毒するとさらに強力な殺菌消毒が可能です。

漂白剤で飼育用品を消毒した際には、臭いがなくなるまで、しっかり流水で洗い流してから小鳥に使用してください。

なお、塩素系の薬液は腐食作用があるため、金属製の部品には使えないので注意しましょう。

日光浴について

鳥類の羽や骨を形成するために必要不可欠な栄養素として、カルシウムがあります。

カルシウムは、単体で摂取してもスムーズに吸収はされません。ビタミンDと一緒に摂取することで、はじめて体内に効率よく吸収されます。

ビタミンDは脂溶性ビタミンであり、過剰摂取による副作用の恐れがあるため、なるべく自然な形で取り入れたいものです。そこで提案したいのが日光浴です。

オカメインコが日光浴により紫外線を浴びることで、体内で効率よくビタミンD_3を形成することができます。

そんなこともあり、日光浴は、できれば日課に取り入れたいことのひとつです。

ビタミンDの生成以外にも、日光浴には愛鳥に今は昼間であるということを伝え、太陽の光を浴びることによるリラックス効果に加え、体内時計を整える効果が期待できます。

日光浴は、窓ガラス越しか、日差しが柔らかい午前中の時間帯に行うのがベストです。時間にすると10〜15分程度で充分と考えられています。

窓ガラスは紫外線の多くを遮断してしまうので、時には網戸越しに日光浴させるとよいでしょう。

また、直射日光は熱中症に陥る恐れがあるので、ケージの中に必ず日陰を作るようにします。

日光浴をさせることが難しい場合、太陽光に近い紫外線を放射する「フルスペクトラムライト」を使って日光浴をさせることも可能です。ケージから数十cm離した場所から一日2〜3時間ほど照射します。（※照射時間は商品で各自確認してください）

季節別の健康管理

ライフステージにより必要な環境は異なる

オカメインコはヒナの段階では細やかな温度管理が不可欠であるものの、成鳥にさえなってしまえば、寒暖差にも強く、丈夫で飼いやすい鳥です。

また、気温や日照時間など、四季の移り変わりにも敏感に暮らしていますので、一年中、空調管理された部屋の中で過ごすようなことは、健康なオカメインコにとっては退屈なものでしかありません。

体調やライフステージによって、その時に必要な環境は常に変化することを念頭に置いた上で、愛鳥にとって快適な環境はどのようなものかを考えたいものです。

春
(3月〜5月)

オカメインコにとって、もっとも過ごしやすい季節です。あらたにヒナのお迎えを考えるなら、気温が温暖な春の季節のうちがよいでしょう。巣引きを行う場合も、親鳥の負担を考えると、ヒナを育てやすい春の間に予定するとよいでしょう。

日中の寒暖差に注意

日中は暖かくても、6月頃までは朝や晩に急激に冷え込むことがあります。室内で飼育をしていても、大きな温度差ができてしまいがちです。この急激な温度変化についてゆけず、体調を崩すことも少なくありませ

んので、春の間はまだ保温器具を取り外さないでおいて、細やかな温度調整を行いたいものです。

春を楽しむ

日差しがぽかぽかと暖かく風の少ない日には、オカメインコをキャリーケースに入れて、公園などを散策してみてはいかがでしょう。

キャリーケースを持って歩くと人が寄ってきて見せて欲しいとせがまれることがありますが、逃がしてしまっては元も子もありません。扉は閉めたままで対応しましょう。

タンポポやハコベの新芽を摘んでおけば、オカメインコのちょっとしたおやつにすることもできます。野草を摘む時は、農薬、枯葉剤、排気ガス、犬猫の糞便等で汚染されていないものを選び、家に帰ってからよく洗浄して与えるようにしましょう。

夏
(6月～8月)

オーストラリアの内陸部が原産のオカメインコたちは、暑さや乾燥には強い鳥といえます。しかし、ヒートアイランド現象など、日本の猛暑は40℃近い真夏日も珍しくなくなりつつあるので侮れません。日中、インコの飼育部屋を閉め切りにしなくてはいけないようであれば、エアコンを使って猛暑をじょうずに乗り切りましょう。

飼育環境の温・湿度を確認

愛鳥が翼を浮かし、クチバシは半開きにして喘ぐような呼吸をしているようであれば、暑がっている証拠です。ケージをすぐに涼しいところへ移しましょう。水入れのそばにいて荒い呼吸をしている時も同様です。

また、乾燥地帯で暮らしていたオカメインコたちにとって、高すぎる湿度も大きな問題になります。湿度は40～60%が適切で、60%を超えると、カビをはじめ、バイ菌が増殖しはじめます。除湿機やエアコンのドライ機能を使い、湿度が高くなりすぎないよう調整します。

冷やしすぎに注意

オカメインコたちにとっては、冷房が効いた、人にとって涼しく快適な部屋よりは、少々、暑いくらいの部屋のほうが過ごしやすいと思われます。

冷房の効いた部屋で飼育する場合、エアコンや扇風機の風向きに注意します。

必要に応じて夏場でもペット用ヒーターなどの保温器具を併用し、ケージ内を冷やしすぎないよう調整しましょう。

もし、愛鳥が羽を全体的に膨らませるようにして寒がっているようであれば、部屋の冷やしすぎと考えられます。

エサは冷蔵庫で保管

梅雨や夏の時期は、エサも青菜も傷みやすいものです。高温多湿の状態が続くと、ペレットは湿気ってしまいますし、シードの場合、虫が発生することがあります。もし虫がわいてしまったら、エサはいさぎよく捨てましょう。

エサは開封したらよく乾いた清潔な容器に移し、冷蔵庫で保存してください。

水も傷みやすい時期ですので、朝、夕の2回の交換を目安にしましょう。水入れや菜差しは水垢も溜まりやすいですから、歯ブ

ラシなどを用いて毎日すみずみまで洗浄しましょう。

窓の開閉にも気をつけて

暑い時期は窓を開閉する機会も増えます。愛鳥が誤って窓の外に飛び出してしまうことのないよう、窓を開ける際には必ず網戸を基本とし、さらにその上からカーテンをひいておくことを、家族で習慣づけたいものです。

夏の日光浴は、レースのカーテン越しなどで短時間のうちに行い、熱中症に気を付けましょう。

夏の繁殖は控える

梅雨から夏の間は、巣箱の中の温・湿度もたいへん高くなりがちで、抱卵や育雛にあたる親鳥たちの負担もかなりなものになります。

ケージ内や巣箱の中のカビやダニの発生率も最も高くなる時期といえますので、からだの負担も大きくなるため、夏の間は巣引きは控え、つがいで飼育しているなら、ペアが繁殖行動に入らないよう、あらかじめケージの中から巣箱は外しておきます。

秋
(9月〜11月)

秋は春と同様に、オカメインコたちにとって、過ごしやすい時期です。

早秋は、繁殖にも適したシーズンといえますが、だんだんと寒くなってくるため、抱卵、ヒナの育雛、繁殖で衰弱した親鳥の回復などを考えると、春のほうが巣引きを行う上では親鳥の負担が少ないといえるでしょう。

夏で体力が落ちているところに秋の冷えに晒され、体調を崩してしまう個体も多いので、朝晩の冷え込みに備え、早めにヒーターを準備し、飼育環境に急激な温度変化のないよう心がけたいものです。

秋の味覚を楽しむ

来るべき寒い冬に備え、栄養価も高くておいしい、旬の野菜をオカメインコにも少しだけおすそ分けしてみてはいかがでしょうか。

秋が旬の野菜には、ニンジンやコマツナ、チンゲンサイ、ブロッコリーなどがあります。ニンジンやブロッコリーは茹でてから与えると消化によく、栄養も効率的に吸収できます。ただし、茹でた野菜は腐敗しやすいため、ケージの中に放置しないようにします。

秋は野菜だけでなく、果物や木の実もおいしい季節ですが、オカメインコ本来の食生活には、果物や木の実のおやつは基本的に不要です。肥満や下痢の原因になりますので、与えるとしてもほんの少量に留め、その際にはフンの状態もチェックします。

秋の冷え込みに要注意

風も冷たくなってきます。日光浴は短めにし、愛鳥を防寒対策がない無防備な状態で屋外に長時間、放置するようなことはNGです。

季節の変わり目の中でも秋から冬にかけては、体調管理が難しい時期です。特に朝晩の冷え込みには、くれぐれも注意が必要です。

防寒対策は必須

日本の秋には長雨もあり、湿度が高く底冷えする寒さが続くことがあります。

比較的に暖かく乾燥した地域に暮らしてきたオカメインコたちにとっては、不快で過ごしづらい時期といえるのではないでしょうか。

特に若鳥や老鳥、病鳥は気温の変化に敏感です。寒くなる前から一日の温度変化を記録し、早めにペットヒーターを用意して、ケージに防寒用のシートをかけたり防寒用のアクリルケースに入れるようにしましょう。早め早めの防寒対策がオカメインコの健康を守る鍵となります。

冬
（12月～2月）

日本の冬は、降水量が少なく、寒気団に覆われ、寒い日がとても長く続く傾向があります。冬はヒトと同様にオカメインコたちもまた体調を崩しやすく、一度崩してしまうと、回復まで時間がかかるシーズンといえます。

また、年末年始には忘年会や新年会、お正月、初詣、帰省や旅行といったイベントも目白押しです。いつもと違う不規則なリズムでの生活となりますから、必然的に、愛鳥の生活リズムも乱れやすくなってしまうわけです。

冬の間は、しっかりとした室温管理と健康管理を行い、寒さから愛鳥を守りましょう。特に、体力のない幼鳥や老鳥にとっては、日本の冬の寒さは命にも関わるものです。

冬は体調を崩してしまうと、その後の回復に不可欠な保温も容易ではありません。健康を維持し、病気を未然に防ぐことこそが何より大切です。万全な防寒対策で冬を乗り切りましょう。

冬の過ごし方

ケージ内の温度は20℃以上が理想的ですが、健康な鳥の場合、羽を膨らませたり、寒がっていたりするそぶりがないようであれば、保温は必要ありません。

それよりはむしろ、急激な寒暖差に注意したいところです。

健康に申し分のない若い個体であれば、室温が15℃程度でも健康に問題が生じないこともあります。

とはいえ、個体差がありますので、もし室温が20℃以上あっても愛鳥が膨らんでいるようであれば、すみやかに保温を行いましょう。

羽の膨らみ具合をよくチェックして、寒がっていないかどうかをその様子で判断します。

戸外の禽舎など、適切な保温が難しい場所で飼育する場合、寒さから身を守り、高い体温を維持するために、オカメインコの基礎代謝量がぐんと高まります。エサの消費量も倍増しますので、エサを切らさないよう気を付けると同時に、脂肪分とたんぱく質を多めに意識した食餌を与えてください。

暖房対策

冬の間は、エアコンやペットヒーターを入れても、なかなか思うように温度が上がらないものです。

そこで、空気の流れ、寒い空気は下に、暖かい空気は上にあがるので、冬の間は一階よりは二階、室内でも低いところよりは高いところ、例えばキャビネットの上に置いたり、鴨居につるすなどしてケージの位置を工夫し、できるだけ暖かい環境を確保したいものです。

ケージを置く場所にも注意します。外気の影響を受けやすい壁や窓のそばは避け、さらにカーペットを敷くなどして、ケージの底冷えを防ぎましょう。

また、暖房を入れた部屋は、極度に乾燥しがちですので、加湿器等を用いて、適度な湿度を保つようにすると、ヒトの側も風邪の予防になり、快適に過ごせます。

留守番

オカメインコと長く暮らす中で、多くの飼い主さんが頭を悩ませることのひとつ、それが留守番です。家を空ける際、愛鳥をどうしたらよいのでしょうか。

なるべくなら家を空けないのがオカメインコにとっては一番に違いありませんが、時には帰省や出張、旅行、入院など、どうしても家を留守にし、外泊をしなくてはいけないこともあります。

オカメインコだけで留守番

飼い主が不在になるのが一泊だけであるなら、オカメインコは家で留守番させるほうが無難といえます。

環境の変化にも敏感で、狭いキャリーケースでの移動によるストレス、移動中の振動や騒音などに神経をすり減らすことが考えられるからです。

空調を適切に管理できるなら、オカメインコは、二泊までの留守番であれば、不可能ではありません。

ただし、エサ箱や水入れを何かの拍子にひっくり返してしまうことなど、不測の事態に備え、水やエサは普段、与えている量の3〜4倍を2か所に分けて、それぞれケージにしっかりと固定して入れておきましょう。

オカメインコが普段からコマツナやニンジンなどの野菜を好んで食べているようなら、そういったものや粟穂を予備のエサとして入れておくと安心です。

また、日ごろからエサ箱をひっくり返すようなことがある鳥であれば、とりあえず底に敷いてあるフン切り網を、留守中は外しておきましょう。

そうすればエサ箱からエサが落ちてしまった場合でも、あまり衛生的なことではありませんが、オカメインコ自身で拾って食べることができるので、絶食の危険からは免れることができます。

真っ暗な部屋の中ではオカメインコの食餌もままなりませんので、直射日光を避けた上で、適度に外からの明かりが入ってくる場所にケージを置いて出かけましょう。

夏、冬の留守番

夏や冬は温度管理が難しいシーズンです。オカメインコを留守番させるのであれば、エアコンをつけっぱなしにして空調を管理できる一泊までにしましょう。特に夏場は、水や青菜などが腐敗しやすく、締め切った室内は高温になる恐れもあるため、留守番は、他の季節に比べより難しいといえます。

冬場は、ヒーターでケージごと保温し、その際はサーモスタットによる温度調節を行い、飼育環境が高温になりすぎることがないか、よく確認しておきましょう。

余計なものは
ケージから取り除いておく

飼い主や家族が不在のあいだ、愛鳥も退屈だろうからと、新しいおもちゃや多めのおもちゃを入れたい気持ちはわかりますが、それは危険です。慣れてないおもちゃ、慣れていないケージ内レイアウトは、思わぬ事故の原因になるからです。

退屈まかせにどんな使い方をするかわかりませんので、むしろケージの中は、いつも以上にすっきりさせておきましょう。

当日は早めに帰宅

留守番させる際のケージは、家の中で昼夜の室温の変化が少ない場所を選び、地震などの災害対策として、安定感のある低めの場所に置きます。

帰路は電車遅延や交通渋滞など、不測の事態に備えて、また、家で待つオカメインコのためにも、早めの出発、早めの帰宅を心がけたいものです。

移動・外泊

移動は キャリーケースが基本

飼い主さんが二泊以上、外泊しなくてはならない場合、または適切な預け先が見つからない時には、止まり木を設置した小さめのキャリーケースにオカメインコを入れて、外泊先に一緒に移動しましょう。

大きないつもの飼育用ケージのままだと、移動の際に安定感がなく、かえって不安がることがあるからです。

移動中の食餌

移動中、おなかが空いた時のためにいつもの主食に加え粟穂を用意しておきます。ペレットやシードといったエサは、エサ箱から振動などで床にこぼれてしまう恐れがありますが、粟穂なら安心です。

また、水分補給のために、新鮮な青菜をキャリーケースに入れて、水入れはあらかじめ外しておきます。

エサと同様になんらかの事情でケース内で水がこぼれ、からだにかかってしまうと、オカメインコにとって大切な体温を奪ってしまう恐れがあるからです。

それでもどうしても心配な場合や、愛鳥が青菜を食べ慣れていないという場合は、水筒に水を入れておき、休憩のたびに給水するという手もあります。

給水を行う際に、ケースの扉の開閉には充分気を付けてください。慣れない場所でキャリーケースを開けることは、思わぬ事故の危険を伴いますので、周囲によく注意をし、安全を確保してからケースの開閉を行います。

オカメインコに給水するために持ち歩く水は常温が基本です。出先で水を買い足す場合は、自販機の商品は冷えすぎているので、常温の水をコンビニエンスストアなどで入手することをお勧めします。

また、外国製のミネラルウォーターの中には、硬度が高すぎるものもありますので、国産のものを選びましょう。

キャリーケースとカバー

キャリーケースの中から外の景色が丸見えというのもオカメインコにとっては落ち着かないもののようです。慣れない視覚的な刺激を受けて疲れてしまいますので、キャリーケースの上からは、目隠しと防音を兼ねて薄い布をかぶせておきましょう。

この際、ビニールコーティングされたような布や厚すぎる布は、こちらに中の様子が伝わってこない上、密閉度が高すぎると、オカメインコがケースの中で窒息してしまうおそれがあるので、注意が必要です。

また、黒っぽい布は他の色より熱を吸収します。直射日光に当たってしまうと、中のオカメインコが熱中症に陥る危険があります。カバーには通気性に優れた白っぽい色の布を用いるとよいでしょう。

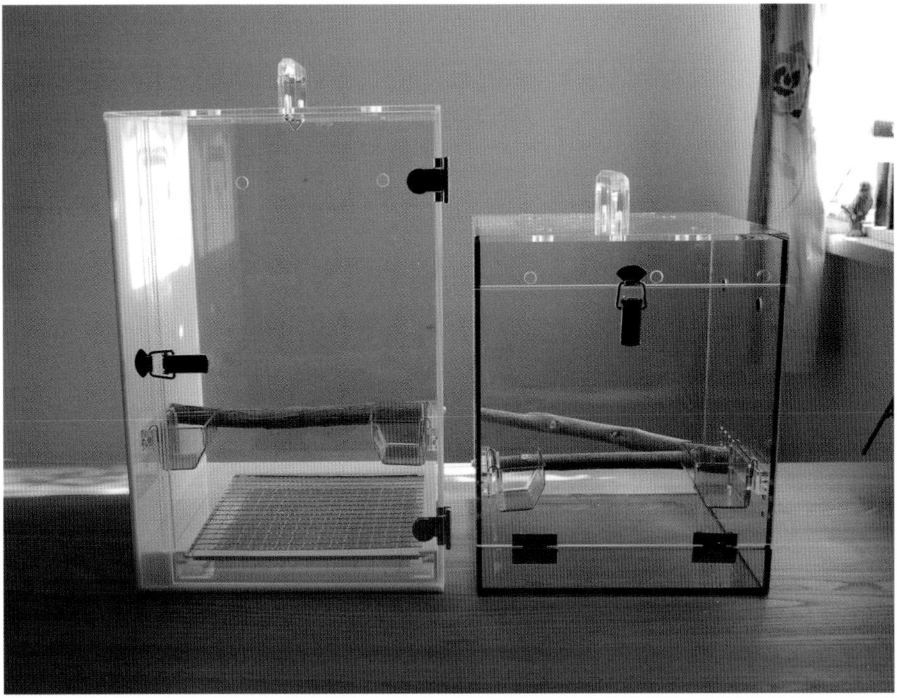

キャリーケースの位置

移動の際は、キャリーケースを窓からの直射日光に当たらないところを選んで、一時間に一度は、休憩を挟んで異変はないか、キャリーケースの中のオカメインコの様子をしっかりチェックします。

車で移動する場合、エアコンの吹き出し口、電車の場合、足元のヒーターなどの位置にはキャリーケースを置かないように注意しましょう。

ちなみに、天気予報の気温は地面から1.5mの高さが基準となっています。地表近くはこの温度に加え、3℃ほど高温になるといわれています。炎天下のアスファルトに至っては、50～60℃になることもあります。

特に夏場、オカメインコを入れたキャリーケースを持ち歩く際にはプラス3℃を意識し、高さのないベンチや、舗装された道路に直置きするなど、低い位置にキャリーケースを置いたりすることのないように気を付けたいものです。

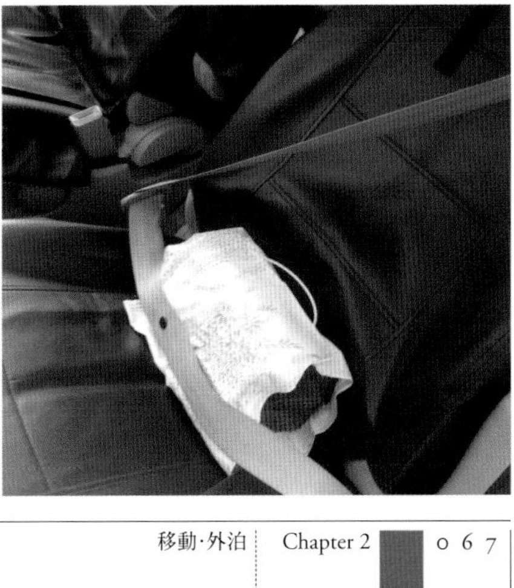

車内に置きっぱなしは絶対にNG

オカメインコを車の中に置きっぱなしにしてしまうことは、たいへん危険な行為です。たとえ夏場ではなくても、直射日光が当たってしまえば、数分のうちに車内が40～50℃と高温になることも確認されています。車内に置き去りにされて熱中症で死亡するペットは後を絶ちません。

絶対にオカメインコは車内に置き去りにするようなことはぜず、飼い主さんと一緒にキャリーケースごと移動しましょう。

保冷剤の注意点

夏場の移動の際には、熱中症対策として小ぶりの保冷剤をキャリーケースの外側に設置します。

中にいるオカメインコのからだを冷やしてしまわないよう、冷やす場所は固定し、愛鳥が寒いと感じれば避けることができる場所を必ず設けましょう。

使い捨てカイロの注意点

冬の寒い時期の移動には、保温のために使い捨てカイロをケースの外側に貼ります（内側に貼ると低温火傷の恐れがあります）。使い捨てカイロは、周囲の酸素を用いて発熱するというしくみになっています。酸欠には充分、注意してください。

エサはいつもの倍以上の量を持参

持ち運ぶエサは、いつもより多めに用意しておきます。知らない場所でピリピリと緊張しているオカメインコはふだんとは異なるエサを警戒して食べないことがあるからです。

万が一、延泊するようなことになった時は死活問題です。特にペレットや副食類は専門店以外では入手しづらいですから、多めに携帯しておくと、万が一の時にも安心です。

COLUMN

キケンな部屋

部屋に潜むキケンの数々

狭い室内での放鳥には危険がつきものです。バードビューでお部屋の中を再点検してみましょう。

薬品類

オカメインコは器用ですので、ピルケースをクチバシと足で開けて、中に入っていた薬を咬ってしまうことがあります。

観葉植物などの土や、それらに用いる液体や固体の肥料も中毒を起こす恐れがありますので、オカメインコのクチバシの届かないところに保管してください。

また、あるインコの下痢が止まらなくなり原因を探ったところ、そのインコのケージが置かれていたチェストの引出しの中に開封済の衣類の防虫剤の袋が

パックで入っていたということもあります。たとえ口の中に入れなかったとしても、このように健康に害をおよぼすものもあります。

調理器具

テフロン加工やフッ素加工のフライパンやホットプレートは、加熱時に発がん性物質を含む15種類もの有毒なガスを発生するといわれています。

人間の場合、350℃以上にならないと身体に害はないと考えられていますが、インコの場合200℃を超えた際に出たガスでの死亡例が報告されています（強火で熱すると2〜3分で200℃に達することも）。オーブンレンジも同様です。これらの調理器具を使う時は、必ず窓を開けるか換気扇をつけ、短時間で調理を行い、愛鳥を別の部屋に移し、キッチンに入らないようにしなくてはなりません。

酸欠を探知するために炭鉱にカナリアを連れて入る話は有名ですが、小鳥は環境の変化に敏感で、時には命を落とすことがあることを、もう一度再確認しましょう。

揮発性のもの・煙が出るもの

虫よけスプレー、害虫駆除剤、蚊取り線香、お香、ペンキ、シンナーといったものもオカメインコにとっては猛毒になります。ケージから離れた場所のみで使用してください。室内ではなく、開け放った窓から混入した近隣の工事で使われた揮発性の塗料・薬品による死亡例もあります。油断せず、飼い主自ら臭いや刺激に敏感になりましょう。

糸や紐、ゴム類

オカメインコにとって糸や紐、ゴムはおもちゃになります。しかし、これらのものは足や首に巻きつきやすく、一度巻きついたものは容易にほどくことはできません。もがいているうちに、取り返しのつかない大事故に発展することがあります。

細かいパーツ

ピアスやイヤリングなどのアクセサリーや、携帯電話につけるチャームなどは、オカメインコを誘惑する魅力的なおもちゃですが、パーツが細かく、誤飲の恐れがあってたいへん危険です。

オカメインコは飼い主の爪で遊びたがりますが、ネイルについているラインストーンなどのメタルパーツなどにも毒性があるので注意しましょう。

踏みつけ事故

冒険心旺盛なオカメインコは、めくれた絨毯、新聞紙や雑誌、脱ぎ散らかした洋服の下等に潜んでいることがあります。安全に遊ばせるために、空間は狭くなりますが、蚊帳で行動範囲を制限するという手もあります。蚊帳は齧って穴を開けられないよう、注意しましょう。

オカメインコにとって危険・有害なもの

●ビニール袋 ●ヒーター ●鏡 ●ガラス ●浴槽 ●扇風機 ●ガスレンジ ●洗剤 ●家具と壁の隙間 ●薬や化粧品 ●ショウノウ ●クレヨン ●マーカーペン ●マッチ ●灯油 ●接着剤 ●マニュキア液 ●香水 ●化粧品 ●絵の具 ●タバコ ●ゆるんだコンセント ●鉢植えの土 ●駆虫剤 ●人の食べ物 など

オカメインコにとって有毒な植物

●アマリリス ●アゼリア ●スイトピー
●ラッパスイセン ●ポインセチア
●アサガオ ●カラー ●アイリス
●スズラン ●ツゲ ●ヒイラギ ●ランタナ
●キョウチクトウ ●シャクナゲ ●イチイ
●フジ ●サクラ ●トマト など

PERFECT PET OWNER'S GUIDES

Chapter 3

オカメインコを迎える

飼育する前に考えておきたいこと

オカメインコは、愛鳥家の間では、比較的、飼いやすい種類の小鳥といわれていますが、それは誰にとってもそうなのでしょうか。

オカメインコと共に暮らす上で、特に問題となりやすい、いくつかの点について考えてみましょう。

かわいいだけではない オカメインコ

オカメインコの飼育上の難しさや個体差を無視して、一般的に語られている「穏やか」、「よく慣れて大人しい」といった、良いイメージだけを鵜呑みにしてしまうと、そのイメージとのギャップに、「こんなはずではなかった」、と後悔することにもなりかねません。

ことわざで「無くて七癖」というものがありますが、比較的、初心者でも飼いやすいといわれるオカメインコにも、ヒトと同様に癖(個性)があるものです。

その癖こそが、オカメインコを飼育する上での魅力であり、醍醐味のひとつでもあるといえるのではないでしょうか。

飼育上の留意点

脂粉が多い

尾羽の付け根のあたりにある尾脂腺(びしせん)という分泌腺から出る脂のカスと粉綿羽と呼ばれる羽から出る粉が、鳥類の脂粉の正体です。これらは、羽の撥水性や防塵性を高めるためのものですが、いわゆるヒトの「フケ」にもよくたとえられます。

1、2羽のみの飼育であれば、ケージの周囲をこまめに雑巾がけなどすれば、ヒトの生活に支障が出るほどではありませんが、気になるようなら空気清浄機を活用するとよいでしょう。

ただ、脂粉にも個体差があり、一羽でも、たった一日あればケージの下が脂粉で真っ

白になるということもあるようです。

もし、オカメインコと一緒に暮らすことになる家族にアレルギーなどの呼吸器系の疾患がある場合、あるいは乳児がいるということであれば、オカメインコを飼育すること自体、慎重に検討するべきでしょう。

オカメインコに限らず、セキセイインコやラブバードにも脂粉はありますが、大型のインコ・オウム類の飼育は脂粉が悩みの種になるケースが多いようです。

オカメインコの中でも、特にアルビノやルチノーなどのボディが薄い色の品種に脂粉が目立つ傾向があります。

鳴き声が大きい

優雅な外見からか、静かでおとなしいイメージで語られることの多いオカメインコですが、決して物静かな鳥ではありません。セキセイインコに比べ、オカメインコは2倍から3倍の体重がありますから、そのサイズに見合っただけの、よく通る立派な鳴き声を有しています。

コザクラインコやボタンインコといったラブバードのようなキキッとした甲高く響く声ではなく、オカメインコの場合、どちらかというと、おっとりしたピューイ！ ピューイ！という口笛のような音質ではありますが、よく響き渡ります。集合住宅などでは、近隣への迷惑が心配になるほど、高らかに長い時間、鳴き続けることも時にはあります。

特に、飼い主（仲間）を求め、必死に鳴き続ける「呼び鳴き」が問題視されます。

その呼び鳴きは、たとえ飼い主が仕事の電話中であろうと、テレビドラマの名場面で目が離せない時であろうと、そこに飼い主の気配さえ感じられれば続きます。

野生下では集団生活を営むオカメインコにとって、呼び鳴きは習性的なものであり、仲間と共に過ごすことで危険から身を守っているところもあるため、この呼び鳴きを完全に止めることは恐らく不可能でしょう。

長寿命

オカメインコは、適切に飼育することができれば20年以上と長寿です。

オカメインコとの長い共同生活の中では、就職、引っ越し、結婚、子育て、病気などといった、飼い主側のライフスタイルの変化が避けられないこともあります。

時には、飼い主さんひとりの努力や辛抱だけでは、どうにもならない事態も起こらないとは限らないのです。

かといって、小鳥といえど、命の重さに変わりはありません。最悪の事態まで考えた上で、最後まで責任を持って飼い続けることができるかを考える必要があります。そして、いざという時は自分に代わって、愛鳥の世話をみてくれる協力者を探しておくなど、あらゆる「万が一」を想定してみることも必要かもしれません。

カメゴロウ 20歳

広いケージが必要

インコの中では「小型」に分類されるオカメインコですが、成鳥になると尾羽が長めで、体長は30cmを超えることが多いため、最低でも高さが50cm以上はある、大きめの専用ケージが必要となります。

小さなケージで飼育すると、オカメインコの美しい尾羽は折れたり千切れたりして失われてしまい、見るも無残な姿となってしまいます。

また、運動がほとんどできないような狭いケージで飼育してしまうと、オカメインコにとってストレスの原因となり、毛引き症や自咬症などのあらゆる問題行動の原因になることがあります。

野生下では広大な土地を渡り鳥さながらに猛スピードで翔けまわっている小鳥です。オカメインコは出来る限り広いケージで飼育したいものです。

咬むこともある

おっとりした印象のあるオカメインコですが、中には攻撃的で、執拗に咬みついてくる個体も少なからずいるようです。

これらの性質は、お迎え前のショップやブリーダーの下にいた時の扱われ方や、飼い主によるオカメインコへの接し方が原因になっていることもあります。また、親鳥やきょうだい鳥から早くに離されて人工育雛された鳥などの中には、コミュニケーションのとり方がわからず、咬んで自分の意思を主張しようとする個体もいます。

ヒトにも個性があるように、すべてのオカメインコが「臆病でおっとりとした甘えん坊」ではないこともあらかじめ理解しておきましょう。

臆病ゆえの難しさ

オカメインコの性質のひとつに、「臆病」、「ビビリ屋さん」というものがあります。

ちょっとした振動や騒音、光などに驚愕し、オカメインコがその場でパニックを起こしてしまうことも少なくありません。

ケージに入れたちょっとしたおもちゃでも、オカメインコにとっては得体の知れない物体と感じられ、恐怖に固まってしまい、エサ箱まで近づけなくなってしまうようなこともあります。特に目が赤～ブドウ目の個体は、音や振動に対して敏感な傾向があるようです。

オカメインコは小型種の中では、からだも大きめで、力強さのあるインコですので、何かに驚いた時の反応もまた豪快です。

ケージの中で暴れたり、金網に力いっぱい激突することもあります。それが時には、脳震盪や心臓発作、打撲や骨折などの大事故に繋がる恐れもあります。広いケージ、落ち着いた場所で飼育しましょう。

外泊が難しくなる

オカメインコは命ある生き物です。小鳥は食べものを体内に貯蔵するということはしませんので、飼い主さんがエサや水を切らしてしまうと、あっという間に落鳥してしまいます。また、排泄物をはじめ、からだから出る脂粉や抜け落ちた羽毛、シードの殻などでケージの中だけでなく、その周辺も汚れがちですので、オカメインコのため、そして飼う側の健康を守るためにも、飼育環境の掃除は毎日必要です。

日々のお世話が欠かせないことから、長時間の留守や外泊は難しくなります。

自覚と責任を持って飼い続けることができるか、よく考えてから迎えたいものです。

選び方・購入

この先、長く共に暮らすことになるオカメインコです。

自分自身の目で健康状態を確認して、納得のいく一羽を選びましょう。

健康な個体を選ぶ

知識あるブリーダーやショップによって良い条件の下で飼育されている鳥。そして心身共に健康な個体をお迎えすること―。

これは、この先オカメインコと末永く幸せに暮らすためにとても大切なことのひとつです。

弱った個体や感染症を持った個体の世話は、肉体的も精神的も経済的にも、想像以上にたいへんなものだからです。

それだけではありません。先住の鳥がいる場合は、その鳥たちまでが感染症のリスクに晒されることになってしまいます。

病鳥を連れて帰り、看病を続けた結果、元気に回復してくれれば、それもまた貴重な経験となるかもしれませんが、その甲斐もなく落鳥してしまうこともあります。

複数の中から一羽を選ぶことは、命の選別をするようで気が引けるかもしれません。

しかし、それは今後のコンパニオンバードたちのためにもなります。

知識のあるスタッフにより、しっかりとした衛生管理の下で適切に扱われているオカメインコを選ぶ眼識を購入者となる飼い主さんが養うことで、結果的には業界全体のレベルアップにもつながり、不幸な鳥を減らすことにも繋がるともいえるのではないでしょうか。

お迎え先選び

オカメインコの取り扱いがあるショップといっても千差万別、いろいろあります。

どんなに寒い日でも、あるいは炎天下でも、店の外のケージにインコをぎゅうぎゅう詰めにして出しっぱなし、カゴの中は排泄物やごみだらけといった、ずさんな管理のペットショップもあれば、空調管理の行き届いた清潔な環境の中で、ていねいにオカメインコを取り扱うショップもあります。

そこに生体としての価格差があったとしても、当然のことともいえるでしょう。

また、オカメインコ専門のブリーダーから直接、お迎えすることも一案ではありますが、ブリーダーがブリーディングしているそのインコの飼育環境を、ショップのように気軽には購入者側が確認できないという点に悩ましさもあります。

そんなことからも、ウェブサイトなどで、かわいいヒナの写真、撮影用にきれいに整えられた現実とはかけ離れた状態のブリーディング・ルームの写真だけを見て決めてしまうのは、時期尚早といえるのではないでしょうか。

少し前までは、海外のバード・ミルと呼ばれる小鳥の繁殖工場のようなところから輸入され、はるばる海を渡ってきたオカメインコを、使い捨ての量産品のように扱うショップも中にはありました。

でも、その一方で、同じように輸入されてきた小鳥でも、すぐに販売してしまわず、一羽一羽、手間暇をかけて感染症検査などを行い、健康状態に申し分のない状態に育て上げてから、販売しているショップもあるわけです。あるいは、国内の専門のブリーダーと直接契約し、仕入れを行っているというお店もあります。

お迎えするオカメインコの品種や性別、月齢にばかり気をとられてお迎えしてしまうと、「こんなはずではなかった」、ということになりかねません。

ショップやブリーダーの善し悪しを見分けることは、初心者には難しいものであることを念頭に置いた上で、理想として思い描くオカメインコを最後まで妥協せずに探し求めたいものです。

まずは自分の目で確かめることから

インターネット上でオカメインコを扱うショップを探すところからはじめても良いのですが、そこに書かれている口コミ情報は、良い評価も悪い評価も含め、すべてあてにして大丈夫なものとは限りません。

インターネット上の書き込みは、公正性に欠けるものも少なくないからです。

近隣で気になるペットショップが見つかったら、まめに足を運んでみることからはじめましょう。

開店や閉店間際など、お店の忙しそうな時間帯を避け、スタッフに声をかけてみます。

何店舗か回るうちに、自分にあったショップや、小鳥たちが望ましい環境で扱われているショップはどこかといったようなことが、垣間見えてくるはずです。

ブリーダーからオカメインコを購入する場合は、愛鳥家の集まるウェブサイトの掲示板などで評判を訊いてみたり、そのブリーダーから実際に迎えてオカメインコを飼っている人を探してみたりして、いろいろ情報収集した上で納得のいくブリーダーにコンタクトをとると良いでしょう。

お迎えの時期

本来は春と秋が、一年中で一番、ヒナが多く出回る季節です。数いるオカメインコの中から、理想に近い一羽を選びたいのであれば、春か秋がお薦めです。

しかし、空調管理が難しくなくなった昨今では、オカメインコのヒナもまた、季節を問わず、一年中お店に出回っています。

思い立ったが吉日と言いたいところですが、ヒナの真冬のお迎えだけは、極力、避けたいところです。

お店から家に連れて帰るだけのたった数十分の時間でも、極端な温度変化を強いることになり、ヒナの移動にはたいへんなリスクを伴うからです。

また、厳寒期には羽の生え揃っていないヒナをむやみに外に連れ出すべきではなく、迎えたヒナを健康診断に連れていくことすらままなりません。

健康診断に連れていく場合は、紙の箱やキャリーケースに使い捨てカイロを貼って移動することが一般的ですが、使い捨てカイロは、周囲の酸素を使って発熱します。

寒いだろうからと密閉した狭い空間の中で、使い捨てカイロを用いると、まだか弱いヒナは、低温やけどや酸欠に陥る恐れがあり危険です。

夏場も同様です。鳥類はたいへん高い体温を保っています。暑いだろうからと保冷剤などで不用意にからだを冷やしてしまうと、羽毛の生え揃っていないヒナは体温を奪われ、弱ってしまいますし、かといって、環境温度が33℃を超えてしまうと、熱中症に陥りやすくなります。

また、ペットショップの店内や外の気温、車内の室温など、それぞれの場所での温度差が大きくなりがちなことも心配です。

これらのリスクを考えると、やはり寒すぎる冬、暑すぎる夏のお迎えはできるだけ避けるべきといえるでしょう。

健康状態の確認は不可欠

現在、小鳥に限らず、生体の通信販売は動物愛護管理法で禁止されています。輸送時のトラブルが絶えなかったからです。後悔しないためにも、オカメインコのお迎えは人任せではいけません。自分自身の目で健康状態を確認してから決断しましょう。

こんなお店はNG

* ＊ 長期休みやイベント期間中以外は小鳥を扱っていない（期間限定の特設店）
* ＊ ケージの中が排泄物や抜けた羽毛などでひどく汚れている
* ＊ サイズの異なる種や、食性の違う種を同じケージに入れている
* ＊ 止まり木にすべての鳥が止まれないほどの過密飼育
* ＊ ケガをした鳥、弱った鳥が分けられることなく放置されている
* ＊ 幼すぎるヒナを販売している
* ＊ ヒナのケースに冷え切ったさし餌が放置されている
* ＊ ヒナが食べているさし餌が、お湯をかけた粟玉だけ
* ＊ 小鳥の入荷時期や原産が明らかにされていない
* ＊ お迎えの際の質問や相談に対して明確な答えが返ってこない
* ＊ 異臭がする

成鳥からの飼育

オカメインコのヒナの飼育には細心の配慮が必要となりますが、成鳥になっている場合は、飼育難易度はだいぶ下がります。

さし餌が完了した（あるいは完了しつつある）オカメインコを飼育するコツとメリット・デメリットについて考えてみましょう。

成鳥のメリット

オカメインコをさし餌から飼育したいというこだわりがないのであれば、成鳥になった鳥をあえて選ぶという手もあります。

オカメインコのヒナは環境の変化に弱く、今までいた場所や世話をしてくれた相手が変わることにも敏感ですし、さし餌の濃さや温度が変わっただけで食べなくなることも少なくありません。

その点、すでに成鳥になっている場合、さし餌が終わってひとり餌に切り替わる頃の、飼育上、難しいといわれる時期をすでに乗り越えていますので、ヒナほどは、温度やエサの管理に神経をとがらせる必要はなくなります。

さし餌が完了したオカメインコは、ひとりでエサも食べられ、健康状態もすでに安定している時期に入っていますので、家を空けることもできます。

また、初めての換羽が終わっている鳥であれば、品種や性別も判明してくるので、希望のカラーや性別の個体を入手することも可能になってきます。

手乗り鳥の入手

最近ではペットショップでも「コミュニケーション・バード」などの名称で、手乗り鳥が店頭に並んでいることも、決して珍しくはなくなりました。

ヒナで入荷した鳥を、ペットショップで手乗りの鳥として育てあげてから、販売するというケースです。

手乗り鳥ではない成鳥に比べ、価格は高めに設定されていることが多いようですが、プロの飼育スタッフが手間暇をかけて育て上げられた鳥であることを考えれば、納得できる価格差といえるでしょう。

ただ、「手乗り鳥」といっても千差万別で、人が大好きでモノマネまで覚えているような鳥もいれば、一方では、羽を切られていて逃げられずに手に乗るだけ、時には、すでに手乗りではないけれど、ヒナからさし餌で育てただけの鳥というケースもあります。

さし餌一回の中雛はねらい目

ヒナが幼ければ幼いほど、手乗りにはしやすく、人に馴らしやすいのは間違いありませんが、飼育上のリスクは高まるということになります。

仕事や学校など、ライフスタイルの都合で、日中のさし餌ができない場合は、手乗り向けに育てられた中雛や若鳥をお迎えするのもよいでしょう。

この場合、巣立ちを迎える生後1〜2か月くらいまでの間、どのような環境でどのようにヒナが育てられてきたかによって、慣れ方は大きく異なるものです。

巣立ちまで親鳥のもとで育てられた鳥は、手乗りにするには相当な根気が必要といえるかもしれません。

その一方、生後2〜3週から親鳥のもとを離れ、ショップでさし餌で育ってきた個体は、生後一か月くらいの段階ですでに手乗りになっているケースも多いので、その中でもヒトによく慣れた個体を選ぶとよいでしょう。

荒鳥の場合

完全な荒鳥に育っていても、愛情のかけ方次第では手乗りになることもあります。

ケージに手を当てるだけで怖がってバサバサと逃げ惑うような鳥は、多くを期待しないほうが無難です。

そうではなく、人の手で育ってきた鳥であれば、人に対する恐怖心がないので、一緒に暮らしているうちに、再び手乗りになることは珍しくはありません。

観賞用、あるいは巣引き用として荒鳥を入手するとしても、通院や投薬など、イザという時のことを考えると、やはり人の手をある程度は怖がらず、好奇心旺盛で積極的に遊びに誘ってくるようなオカメインコがベターです。先住鳥が手乗りの場合、人に対する警戒心が薄れるのか、荒鳥がつられるように手乗りになることもあります。

オカメインコの寿命は長いですから、気長に絆を育んでいきましょう。

ハンディキャップがある鳥の飼育

長い目で見ると、オカメインコも健康に申し分のない若鳥やヒナを入手することが理想的ではあります。

ただ、そう望んでいても、何らかの事情で健康体とはいえないかもしれない鳥が選択肢に上がった場合のことを考えてみましょう。

例えばこんなケース

- 予約していたものの、購入直前にその鳥が体調を崩してしまった。
- 配送によるストレスで、届いた時点ですでにぐったりしていた。
- ペットショップで元気のないヒナが気になってしまった。
- ブリーダーや知人、里親探し掲示板などで引き取って欲しいと頼まれた。

etc……。

法律上はモノとして扱われるオカメインコですが、命ある以上、簡単に返品交換とはいえない、難しい決断に立たされることもあります。

このようなことに直面した場合、まずは冷静に現状を把握しましょう。

＊ 時間的余裕があるか（通院等）
＊ 経済的負担はまかなえるか（医療費等）
＊ ライフスタイルを変えられるか（投薬や強制給餌ができるか等）
＊ 飼育することになった場合（またはそうでない場合）の気持ちの変化

情がうつるほど、看護も精神的に辛くなることがあります。また、通院や投薬の手間などを考えると、体力的にも、経済的にも、その負担は予想以上のものになります。それに、どれだけ手を尽くしても助からない命が時にはあることも事実です。

命には別条がない場合

ツマ傷

ツマ傷とは趾の爪が欠損している状態のことです。原因はさまざまで、タオル等に爪をかけて取れてしまったケースや、他の鳥に咬まれて欠損したケース、傷口からバイ菌が入って、壊死してしまったケース等。それ以外にも、遺伝的な理由による生まれつきの欠損ということもあります。

ツマ傷の多いオスは交尾の際に不利に

なるため、無精卵が増え、巣引きの成功率が下がる傾向がありますが、手乗り鳥として楽しむ分には問題ないといえます。

クチバシの異常

クチバシが欠損していたり、歪んでいたり、長過ぎたりするケース。原因としては、フードポンプを用いたさし餌が原因の形成不全、さし餌中のタンパク質などの栄養不足、ロックジョー症候群、PBFD(オウム類嘴羽毛病)などが考えられます。

ろう膜の傷

ろう膜(鼻孔のあいている柔らかい膜)に、傷や穴が開いているケースです。縄張り誇示や順位付けのために、他の鳥に傷つけられることがあるようです。周辺にカサブタがある場合は、疥癬症を疑いましょう。

羽毛の異常

狭いケージで尾羽が抜け落ちているのであれば、環境を整えることで羽が生え揃います。ヒナのうちに粟玉だけの食餌など、栄養価の低い食餌を与えられていた場合も羽の抜け落ちが目立つことがあります。中にはPBFDのような感染症が原因の羽の抜け落ちや欠損は命に関わる場合もあります。

冠羽周辺の脱毛(無毛)

オカメインコの冠羽の下に羽毛がないことがあります。特にルチノーやアルビノ系の白から黄色系のボディに多く見受けられます。成鳥になっても生えてこないこともありますが、健康に影響はないようです。遺伝的にヒナに受け継がれることがあります。

脚弱(脚が開いている)

ヒナやひとり餌になったばかりの若鳥に起こる栄養障害。栄養性の脚弱であれば、適切な栄養摂取によって回復することも多いのですが、脚弱という症状自体が、栄養失調がかなり進んでしまってからみられる症状でもあるため、生涯治らない場合や、突然、落鳥するリスクも否定できません。

その他

外見上は問題が見当たらないものの、品種作出を目的とした過度なインブリード(近親交配)が原因による短命や不妊というケースも時にはあります。

長所や個性と考えることも

こういった特徴のある鳥は飼い主を頼りにし、よくなつく傾向があるといわれます。共に暮らす愛鳥に何を求めるのかによって、お迎えすべきかどうかを決めましょう。

COLUMN

はじめが肝心

オカメインコとの良好な関係を築く上で、迎えてからの1～2週間は、とても肝心な期間です。オカメインコの第一印象を良好にしたうえで飼育をスタートすると、その後の関係構築がたいへんスムーズに進みます。

はじめは不安

待ちに待ったオカメインコがついにやってくる日——。

今日から晴れて我が家の一員になったオカメインコと、一刻も早く遊びたいのはやまやまですが、はやる気持ちは抑えましょう。

ぬいぐるみのようにふわふわとして愛らしいオカメインコではありますが、そんな彼らも緊張もすれば、小さなハートで人見知りもします。

お店から無事に新居に着いても、しばらくは様子見で、遠巻きにして見守りましょう。

なぜなら、オカメインコにとっては、周囲に慣れるまでの間は、知らない場所、知らない人ばかりで、不安で押しつぶされそうになっているかもしれないからです。

食餌の内容は、ペットショップやブリーダーのもとにいた時と同じものを同じ温度、同じタイミングで与えます。できれば、さし餌のスプーンまで同じ形状のものだと安心です。

最初は周囲を警戒して食餌をとろうとしないかもしれませんが、少し離れた場所から食べはじめるのを確認しましょう。

逃げる鳥、咬む鳥にしないために

末永くオカメインコと深い絆で結ばれたいのであれば、むやみやたらと触れることや、追いかけまわすことはご法度です。

知らない人に追いかけ回されるという恐怖から逃れるため、早々に人から逃げること、時には攻撃に出ることを覚えてしまいます。

飼い主のことを「逃げるべき相手」、あるいは「攻撃すべき相手」であるとオカメインコが学習してしまった場合、関係の修復には時間がかかるものです。

早い段階で愛鳥からの信頼感を勝ち取ることで、コミュニケーションを円滑にしましょう。

オカメインコに好きになってもらう

何より大切なことは、オカメインコの側から、飼い主のことを大好きになってもらうことです。

飼い主のことをもっと知りたい、もっと近づきたいと、愛鳥に思ってもらえれば、しめたものです。

そのためには、恋愛同様、一方的に親愛の情を押し付けたり、追いかけ回したりするのは、逆効果でしかありません。

さりげなく、オカメインコの側から自分を追わせるように仕向けましょう。

ケージ越しに声をかけたり、おやつをあげるといったスキンシップを大切にすると、オカメインコの側から飼い主さんが来るのを楽しみにするようになります。

安心、安全な場所であることをPR

はじめの数日は、ケージに入れたままで過ごします。

まずは、オカメインコ自身が今いる場所が、とても安全なところであって、怖がらなくていいということに気づいてもらいましょう。

特にヒナの場合は、さし餌を食べて寝るのが仕事です。むやみに触れることはストレスや睡眠の妨げとなり、体力の低下にも繋がります。

ちょっとしたお世話のたびに、愛鳥に優しく声をかけているうちに、恐怖心が取り除かれ、心に余裕が生まれます。

そこまでくれば、ケージの外の世界にも自然と興味を持ち、ケージの外で一緒に遊びたがるようになるまでに時間はかかりません。

まずはオカメインコの意思でおやつを手からとって食べさせるようにします。そこからこころの距離を徐徐に縮めていきましょう。

オカメインコにとって誰よりもどこよりも信頼できる安全基地になってください。

PERFECT
PET
OWNER'S
GUIDES

Chapter 4

オカメインコの
理想の住まい

飼育グッズ・おもちゃ

コンパニオンバードとして飼い主と暮らすオカメインコたちは、一日の大半を狭いケージの中で過ごしています。

愛鳥ができるだけ快適にケージの中で心穏やかに暮らせるよう、オカメインコにふさわしい飼育グッズを選びましょう。

飼育グッズの購入先

鳥類専門店・ペットショップ等

飼育用品を一式、オカメインコ用に揃えるのであれば、鳥類専門店や大型のペットショップなどへ行き、品数が豊富でオカメインコに関する専門知識のあるスタッフに相談しながら、商品を吟味したいところです。

実際にオカメインコを扱っているショップで選べば、オカメインコが使用した際のサイズ感も掴みやすいのではないでしょうか。

その際、注意したい点のひとつに、ケージのサイズ選びがあります。実際にペットショップで使用されている展示用の小鳥ケージは、あくまで展示用のものであり、オカメインコのQOL（クオリティ・オブ・ライフ）を考えると、小さすぎるものがほとんどです。

展示用ではなく、オカメインコが生活する場所として狭すぎないものを選びましょう。

店先でケージに飼育グッズをセットしながら、サイズ感や使い勝手の良さを確認しながら選べば、家に持ち帰って後悔するようなことにならずに済みます。

必要な時にその場で持ち帰ることができるのもペットショップで飼育用品を購入するメリットのひとつです。

オンラインショップ

インターネットを使って飼育用品をオンライン購入する際には、色や柄に惑わされず、オカメインコが使いやすい大きさかどうかをよく

確認したいものです。その際には、商品サイズ、商品説明、購入者による商品レビューにしっかり目を通しましょう。

オンラインショップを覗くと、その莫大なアイテムの数に圧倒されることもしばしばです。その上、海外製品など珍しいアイテムも多く、写真映りもきれいで、だんだんわからなくなってきて、見ているうちに奇をてらったものを選びたくなりがちですが、それも考えものです。

商品画像から受けたイメージとは異なり、特に専門メーカー以外の商品には粗悪ともいえる作りが雑な商品も混在しているからです。

使用するのはオカメインコですから、デザイン本位で使用上の危険性があるようなものはいけません。

手に取って商品を確認できないからこそ、そのグッズの材質や大きさなど商品情報をくまなくチェックし、安全面について問題がないものを選びたいものです。

また、オンライン通販の場合は商品発注から商品到着まで数日間は必要になるので、必要性を感じたら、早めにオーダーしましょう。

よい飼育グッズの基本

毎日使うものだから、色やデザインだけでなく、使い勝手がなにより大切です。オカメインコにとって安心して使えるもの、世話をする立場で洗浄が容易で耐久性の高いものを選んでください。

小鳥用として販売されているエサ入れ、水入れ、キャリーケースなどの飼育用品は、オカメインコには小さすぎるものもあります。

チェックポイント

□ケージから簡単に取り外しできる

着脱が億劫になるようなものはNG

□すみずみまで洗浄できる

小さな隙間など、洗浄ブラシが届かないような部分があるものは衛生面で問題アリ

□安全性が高い

オカメインコが本来の目的以外にどんな使い方をするかまでイメージする

□作りがしっかりしている

華奢な作りやチープな素材は壊れやすくケガの元に

□色落ちしない

水につけて色が落ちる、ブラシでこすると塗装が剥げそうなものは塗装片の誤飲の原因になるのでNG

□サイズが合っている

小型インコ用というよりは、中型インコ・オウム用に作られた頑丈で大きめのものをチョイス

オカメインコの飼育に必要な飼育用品

オカメインコの飼育に欠かせない基本的な飼育グッズをご紹介します。

ケージの中はすっきりとさせて、できるだけ広くオカメインコが自由に動き回れるようなレイアウトをこころがけましょう。

ケージ

オカメインコは小型インコですが、狭いカゴの中で過ごしますので、できるだけ広いスペースを用意したいものです。ケージは狭すぎることはあっても広すぎることはありません。

横幅や奥行は最低でも45cm以上、高さは50cm以上のものを選んでください。オカメインコの体長はおよそ30cmありますから、高さのないケージだと、オカメインコの尾羽が折れてしまいます。横幅は、ヒーター等を含めた飼育用品一式を入れた状態で、両翼を拡げて羽ばたきができるものが理想です。

飼育用品をセットして検討

ケージの飼育用品をセットした状態で、オカメインコが自由に動き回れ、羽ばたくことができるサイズであるかをチェックします。

ヒナの時に比べれば一回り以上、成長しますので、長く使うことを考えれば、少し大きすぎるくらいのものを選びましょう。巣箱を連想する小さすぎるケージは過発情の原因にもなります。

形は四角が基本

形はスペースを有効に使えるシンプルな正方形や長方形のものがベストです。それ以外の形(アーチ型、ハウス型など)を選ぶ時は、四角のケージより一回りは大きなものを選びましょう。スペースに余裕があるなら、横長のワイドサイズもお薦めです。

網目の間隔にも注目

ケージの金網は、華奢なものよりは少し太めのものが安心です。

かといって、大型のインコ・オウム用の太すぎるものを選んでしまうと、網目の間隔が大きすぎて、その隙間に頭部や翼が挟まってしまう恐れがありますので、小型～中型インコ用のものが無難です。

金網の格子部分が横に張られた横網のケージはその部分がインコの足場になって移動しやすいようです。

オカメインコは臆病なところがあるので、頭を下げないと通れないような小さすぎる出口だと、出てきたがらないことがありますから、出口も広めのものを選びます。

手乗りに育てるなら、スライド式の扉ではなく、前、あるいは横の方向に大きく扉が開く手乗り専用ケージだと出入りもスムーズです。

塗装が剥げないものを

オカメインコはクチバシを使って遊ぶので、剥げた塗料やメッキの錆には毒性もあるので心配です。オカメインコの健康のことを考えると、ケージも慎重に選びたいものです。中には、安全性に配慮した3価クロムのメッキを使ったケージも発売されています。

水洗いや経年劣化にも強いステンレスケージは理想的ですが、メッキ加工のものよりは重量があります。

底網の形状もチェック

底網は、中の敷紙を交換するたびに取り外せるタイプと、底網は分解しないと外れない、敷紙のみ交換するタイプのものとあります。

どちらのタイプも一長一短がありますので、ライフスタイルにあったタイプを選びましょう。

丈夫で長持ちするものを

オカメインコは長寿で、二十年以上生きる個体も珍しくありません。ケージのプラスティック部品が劣化してしまい、思わぬ形で逃がしてしまうケースもよく耳にしますので、丈夫な物を選び、劣化したパーツも後からオプションで交換できる、専門メーカーのケージを選びましょう。

止まり木

オカメインコにとって止まり木は休むためのものだけではありません。睡眠をとる場所でもあり、エサを食べる場所でもあり、つがいであれば交尾を行う大切な場所です。

愛鳥にとって居心地のよい止まり木を見つけたいものです。

ケージに最低2本

止まり木はケージに最低二本は必要です。止まり木が一本だけでは、左右の移動しかできません。上下運動やジャンプといった動きも大切ですので段違いに二本、設置します。

止まり木の太さ

趾が止まり木の径に対して2/3くらいに周るものがベストで、太さは20mmが目安です。太すぎても細すぎても安定感に欠けます。

止まり木としてはNGな材質

天然木の止まり木は、太さが均一でなく、適度な凹凸があるため、オカメインコの脚に優しく、爪の伸びすぎや趾瘤症の防止に役立ちます。

プラスティック製の止まり木は硬すぎてインコの脚に負担がかかってしまいますし、金属製の止まり木は、滑りやすくて安定感に欠ける上、冬は愛鳥から体温を奪い、夏は日差しの傾きによっては火傷の恐れもある

ので、木の止まり木が基本です。サンドパーチも鳥の足を傷つけやすいため、日常的な止まり木として使用するべきではないでしょう。

エサ入れ・水入れ

オカメインコが食べやすい高さや深さを考慮してサイズを決めます。浅めの容器は食べやすさはありますが、エサにしても水にしても量が入らないので、飼い主さんの留守など、長時間の使用には不向きです。飼い主さんが家にいる時など、中身をチェックできる環境の時に使いましょう。

洗いやすさや丈夫さも重要なポイントです。清潔さを保つためには、隅々まで洗浄しやすく、凹凸がないシンプルな形状がお薦めです。

エサの飛散防止用のカバーを使用する場合は、開口部が広く、オカメインコのサイズでも食べやすく安全に使えるものを選びましょう。

また、中にはクチバシの力でエサ箱を持ち上げて外し、中身を撒いてしまう器用なオカメインコもいますので、ケージにしっかり固定できるタイプのものをチョイスします。

外付けタイプの水入れは、水にゴミやフンが入りづらく衛生的ですが、愛鳥がクチバシを容器に浸して水を溢れさせる、力技で本体を傾けるといったことがないかチェックしましょう。

副食入れ

主食がシード食の場合、ボレー粉や塩土、ミネラルブロックといった副食は、主食とは分け小さな容器に入れて与えます。

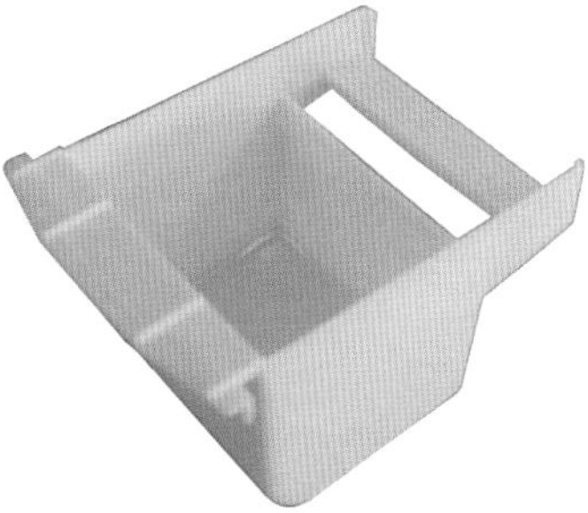

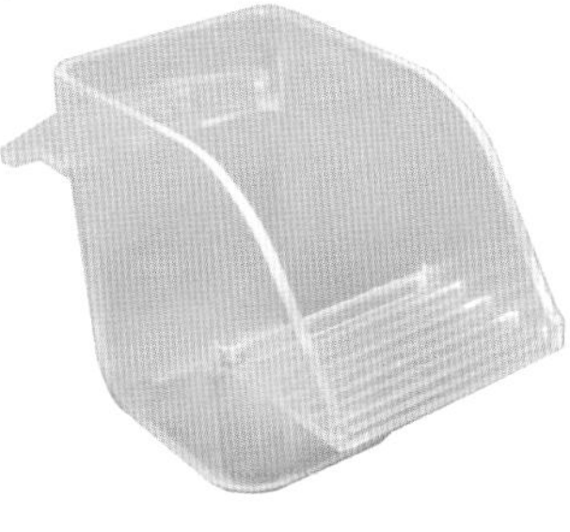

温度・湿度計

小鳥の飼育に温度管理は欠かせません。一日の最低・最高温度が記録できるタイプもあります。ケージに直接、設置できるよう、デジタルタイプにする場合、防水性の高いものを選びましょう。

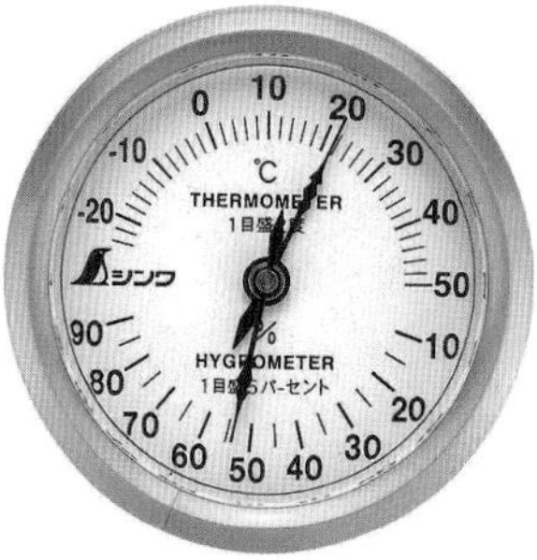

ケージカバー

夜、ケージの中を暗く静かにするために用います。専用の遮光ケージカバーの他、遮光性の高いカーテン生地や厚手の毛布でも代用できます。

透明ビニール製のカバーは寒い時期の保温や、羽毛や脂粉の飛散防止に便利ですが臭いがあります。

いずれのカバーも、かけっぱなしにしてしまうと、ケージの内側は風通しが悪く不衛生で、熱が籠りやすくなります。閉塞的な環境はオカメインコのストレスになりますので、必要な時以外は外しておきましょう。

キャリーケース

通院や外出の時に必要になります。掃除の時など、ケージから一時的に愛鳥を避難させる際や、病気の時の看護のケースとしても活用できます。

アクリルのキャリーケースは、鳴き声を一時的に防音したい時に便利です。オカメインコも足場がないと落ち着かないはずですので、止まり木が一本設置できるタイプにしましょう。

保温ケース

小ぶりのケージが入れられるアクリルケースがあると保温に便利です。

抜けた羽根や排泄物の飛散防止、鳴き声のコントロールにも使えます。

ヒーター

室内飼育でもヒーターは必須アイテムです。特に病気の時やヒナの保温は専用のペットヒーターが必要です。

電球式のヒーターは保温力がありますが表面が高温になるため、火傷に注意しましょう。

冬場はペット用のパネルヒーターと部屋のエアコンを併用してケージの中の温度を保ちます。ペット用のパネルヒーターだけでは、ケージ内温度を上げることは難しいので、寒い時期は空調と併用します。

遠赤外線ヒーターは、赤外線が当たっている場所だけが暖かくなるため、飼育環境の温度は上がりません。

どの保温器具も一長一短がありますので、環境や目的によって使い分けます。温度を一定に保ち、省電力にも役立つサーモスタットを併用しましょう。

サーモスタット

キッチンスケール

調理用のデジタルキッチンスケールの上にスタンドなどを置いて、体重を量ります。エサや薬の量を計測する時にも役立ちます。

爪切り

オカメインコも爪が長く伸びてくることがあるので、人間用の小さな爪切りを用意しましょう。

バード・バス

市販のバード・バスはオカメインコには小さすぎることがほとんどです。

安定感のある陶器製やガラス製のボウル、あるいはたらいなどに浅めに水を張ってバード・バスとして利用するか、霧吹きで軽く水をかけます。

乾いた大地で暮らしていた名残りか、水浴びを好まないオカメインコも少なくないので、無理強いは禁物です。

巣箱

巣箱は巣引きを考えていないなら不要です。オカメインコは狭い穴に入って就寝する習慣はありません。

繁殖を考えていない時には必ず外しておきましょう。巣引きを行う時は、中型インコ用の大きめで卵が転がり落ちないよう産座になる窪みが中にある巣箱を選びます。

巣材

シュロの毛や稲藁など柔らかくて保温性のある巣材を与えると、クチバシでほぐして産座にします。

おもちゃ

野生のオカメインコにおもちゃは必要ありませんが、コンパニオンバードとして暮らすオカメインコにとっては、おもちゃは狭い空間の中でも五感を刺激し、好奇心を促し、脳も発達させるツールとなります。

一羽で過ごす退屈な時間も、おもちゃがあれば、楽しい時間を過ごすことが可能になります。また、飼い主と鳥とのコミュニケーションツールとして使うこともできます。

複数用意する

ずっと同じおもちゃでは、オカメインコも飽きてしまいます。

いくつか用意しておき、日替わり、週替わりでローテーションすれば、いつまでも長く新鮮に遊べます。

ケージにおもちゃは一つが基本

プレイランドのようにケージの中におもちゃをあれこれと設置するのはNGです。オカメインコにとってケージは生活の場であり、遊園地でもアスレチックジムでもないからです。

また、おもちゃで雑然とした空間はオカメインコの事故やケガの元にもなりますので、よほど広いケージでない限りは、おもちゃは一個が基本です。おもちゃが多いと、刺激が多すぎて過剰な発情を促す恐れもあります。

丈夫なおもちゃ

アクリル製のバードトイなどは見た目もカラフルで、齧っても壊れない丈夫なおもちゃです。

オカメインコはフルカラーを認識していますので、愛鳥の好みにあった色や形のものをチョイスしましょう。

壊れるおもちゃ

牧草や木片、粟穂、皮革など、齧って壊しながら楽しむタイプのおもちゃも用意しましょう。

天然素材のおもちゃは、壊しながら遊ぶという楽しみ方ができ、オカメインコのストレス解消に役立ちます。

ブランコ・はしご類

ブランコやはしごは、おもちゃとしての役割だけでなく、ケージの中に暮らすオカメインコがちょっとした気分転換ができる居場所としても人気があります。

特にゆらゆらと不安定に揺れるところが止まり木にはない魅力のひとつで、木の枝に近い感覚が楽しめるようです。

ケージの中では場所をとるようであれば、放鳥中の居場所としてリビングなどに設置しておいても喜ばれます。

鈴のついたおもちゃ

オカメインコは音が鳴るおもちゃも好きですが、あまり執拗に齧っているようであれば、鉛中毒も心配なので外しておいたほうが無難です。クチバシの届かない場所に鈴が入っているものなどを選ぶとよいでしょう。

鏡のついたおもちゃ

鏡は自分の姿が映しだされる上、材質も硬いので、求愛の対象として夢中になってしまう個体もいます。暇つぶしにはちょうどよく、楽しく遊んでいるうちはよいのですが、もしエスカレートして過剰な発情を促すようであれば、取り外してください。

押して遊ぶおもちゃ

転がるタイプのおもちゃには、ボール状のものの他、車輪がついたどうぶつや車の形をしたおもちゃなどがあります。

床に何かを落とすことに喜びを感じるオカメインコも多いので、テーブルの上などに置いておくと夢中になって落とそうとします。

バード・スタンド（待ってて台）

キッチンスケールに乗るような小ぶりのバード・スタンドを用意しておくと、体重測定を行う際にも便利です。

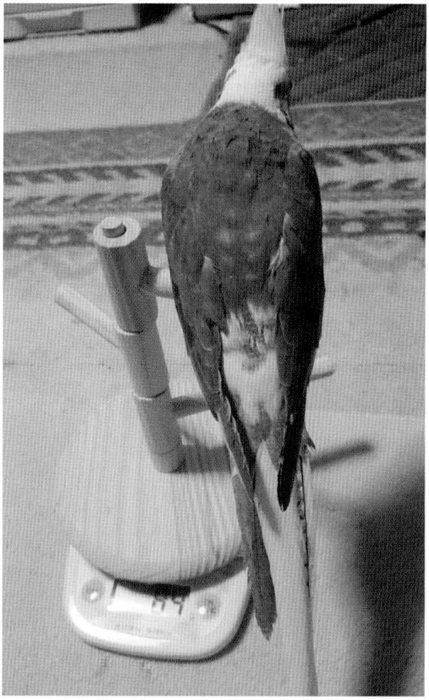

バードジム

愛鳥が放鳥中に落ち着いて止まることができる場所として、バードジムがあると便利です。

エサや水入れが設置できるタイプのものや、おもちゃが吊るせるタイプのものなどいろいろあります。

遊ばないなら外す

遊ばないおもちゃは邪魔になりますので、すぐに取り外します。

特にオカメインコの場合、新しいおもちゃに恐怖を覚え、それが原因でストレスを溜め、食餌をしなくなったり、毛引きをはじめてしまったりすることがありますので、怖がっているならすぐに片付けます。

また、バードテントは木の洞などに潜って就寝する習性がないので、オカメインコに用意したとしても、警戒して入ろうとしないことがほとんどのようです。

壊れたら修理するか捨てる

留め具が壊れているおもちゃ、ロープがほつれているおもちゃほど、小鳥にとって危険なものはありません。

遊んでいるうちに巻きついて、大事故につながる恐れがあります。

修理できるものは修理し、難しいようならすみやかに破棄しましょう。

COLUMN

オカメインコの好きなもの・苦手なもの

私たちヒトにも十人十色の好みがあるように、オカメインコたちにもまた、好きなものと苦手なものがあります。

苦手な色

オカメインコに限らず、影を連想させる黒っぽい色は好まない鳥がほとんどです。天敵である猛禽類の色、あるいは彼らが上から襲ってくる時にできる影をイメージさせるのかもしれません。愛鳥と仲良くなりたいなら、黒っぽい色の服は控えめにしたほうがベターです。

また、鮮やかな赤や青、黒と黄色のツートンカラーなどは警告色と呼ばれ、明らかに自然の周囲の環境とは異なる色合いで、毒ヘビや蝶·ハチなどの体色であることも多く、この組み合わせの色には、鳥も警戒することがあります。

苦手な模様

オカメインコをいつものように放鳥をしようとしたある日のこと。

いつもならケージを開ければ即座に飛んでくるのに、その日に限って、どのインコも近くに寄ってこない…。

どうしたのだろうかと不思議に思っていたところ、その日着ていた洋服は蝶が描かれたものでした。蝶の羽にある丸い模様が目玉を連想させたようです。

ぱっちりと見開いたような眼の模様から、ネコやハヤブサの眼を連想したのかもしれません。

苦手なもの

オカメインコが苦手なものについては個体差があるようですが、カラフルなコットンロープ(止まり木のかわりに使うもの)や、太めのネックレスやブレスレット、ベルト類をまれに怖がることがあります。

ケージに入れるバード・トイは、ヘビを連想させるような長いものや縞模様のあるものは控えたほうがよさそうです。

ファー（毛皮）のついたセーターやコートも警戒されることがあります。

◍好きな色やキャラクター

個体差がありますが、黄色やオレンジ色の暖色系を好むオカメインコは多いようです。

寒色系のキャラクターよりは黄色っぽいキャラクターがお好みのようで、それらのフィギュアを好んで追いかける姿はとても微笑ましいものです。

ほかにも明るい緑色や黄緑色は、芽吹いたばかりの緑をイメージする色であるせいか、オカメインコも好んで緑色の菜差しやおもちゃを突く姿を見かけます。

◍好きな触感

オカメインコは互いのクチバシを使ってコミュニケーションをとることも多いので、クチバシのような硬く小ぶりなものを好みます。

代表的なものとしてはヒトの爪です。その他には、ペンのグリップ部分やブランコの端なども好んでコツコツとクチバシをぶつける姿を見かけます。

それ以外にも、洋服のボタン（貝やプラスティック製のもの）やテレビのリモコン、パソコンのキーボードなども夢中になって突くことがあります。

また、青菜（チンゲンサイやコマツナなど）のシャキシャキした茎の食感がお好みというオカメインコもいますが、これも個体差がありますので、茎だけでなく葉ごと与えましょう。

◍好きなこと

コンパニオンバードであるオカメインコの場合、好きなことといえば、なんといっても大好きな飼い主さんと遊ぶこと、飼い主から話しかけられることではないでしょうか。たくさん話しかけられることで、インコもそれに応えようと真剣に飼い主さんの声に耳を傾けますし、時間がある時には人知れず復習もしています。複数羽で飼育していても、自分の名前をまず覚えますし、他の鳥への語りかけには反応が薄いのも飼い主との交流を楽しみにしている証拠といえるのではないでしょうか。

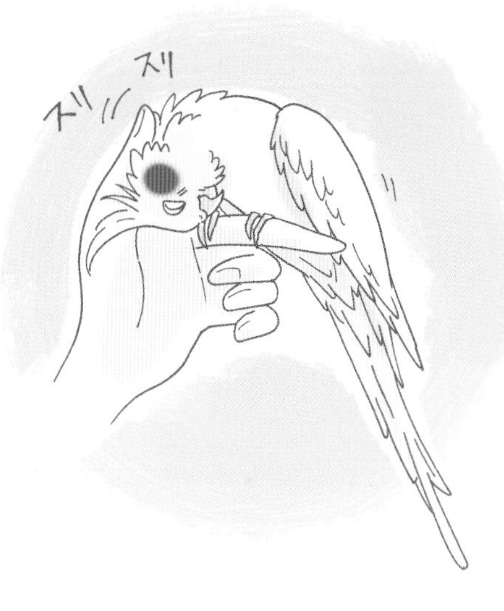

PERFECT PET OWNER'S GUIDES

Chapter 5

オカメインコの 理想の食餌

理想の食餌

何をどう与えるか

オカメインコの食餌を考える上で、「何をどう与えるか」を検討することは大切です。

ヒトと同様にオカメインコに与えるエサも、毎日のこととなると、その内容について深く考えることはあまりしないかもしれません。しかし、栄養の偏った食生活は、肥満や各種の病気を引き起こす原因となります。

愛鳥に「何を与えるか」、それを「どう与えるのか」。この2つのことを日ごろから意識して愛鳥の食餌を考えることで、オカメインコの食生活を改善し、病気知らずで、健康的なからだ作りを目指しましょう。

鳥の食性を加味することはもちろんのこと、愛鳥のライフステージや体調、年齢、さらには、愛鳥の好みや飼育者のライフスタイルによって、いくつかの選択肢の中から、その時々で最善と思われるエサを選んでいきたいものです。

まずは主食を決定してから、副食にどんなものが必要であるかを検討しましょう。

ペレット（人工飼料）

ペレットは、コンパニオンバードの必要栄養量に配慮して作られた完全栄養食です。犬や猫のドッグフード・キャットフードのようなものであり、ペレットを中心とした食餌の場合、基本的には副食は不要となります。

新鮮な野菜を継続的に入手することが難しいという方や、家庭で青菜を余らせてしまうということであればペレットが便利です。

ほかにも、オカメインコ自体が偏食傾向で、青菜やシードの中でも同じものしか食べない、あるいは、愛鳥にバランスよく副食を与える自信がないということであれば、ペレットへの切り替えをお薦めします。

ペレットを購入する際には、「対象の鳥種」、「含まれる栄養素」、「消費期限」を確認します。

いくら完全栄養食といっても、食性の違う鳥のペレットを与えたり、消費期限の過ぎたものを食べさせたりしているようでは本末転倒になってしまいます。

メーカーや商品によって含まれる栄養素や粒の大きさ、硬さも異なりますので、お試しサイズのものを何種類か取り寄せて、愛鳥に合ったものを選びたいものです。開封後は冷蔵庫で保管しましょう。

●ペレットの良い点

- 副食が不要
- 買い置きができる
- 品質を管理しやすい
- 栄養のバランスをとりやすい

●ペレットの難しい点

- 慣れるまでに時間がかかる
- 食生活が単調になりがち
- シード食に比べ割高感がある
- 取扱店が少ない

栄養の重複に注意

ペレットは完全栄養食ですので、これにサプリメントなどを与えると、栄養過剰による障害を引き起こす恐れがあります。

ペレットへの切り替え

シード食で育ったオカメインコの場合、ペレットへの切り替えがスムーズにいかないこともあります。

鳥類は飛翔のため、食べ物を体内に貯蔵できません。過度な絶食は、時には命をも落としかねない危険な行為です。長期戦の構えで無理なく慣らしてください。

何種類か試してみる

個体によって、粒の大きさや香り、形、色、硬さ等、すべてにおいて好みが異なるものです。粒が細かくないと食べない鳥がいる一方で、趾で握ってカリカリと齧ることができるサイズが好きな鳥もいます。

形状を変える

すり鉢等で粉砕して、シードやおやつにふりかけて味に慣らします。

粉末状にしたペレットは湿気りやすいので早めに使い切ります。他にもペレットをふやかしてみるという手も。

時間帯によってエサを替える

日中はペレットをメインにして与え、夕方から夜にかけて、スキンシップと補食を兼ねてシード類を与えてみます。

果汁をかけてみる

きっかけとしてほんの少々、果汁をかけて香りをつけると食べだすことがあります。

シード食（種子混合餌）

ペットショップのみならず、スーパーやホームセンターなどでも入手でき、オカメインコの嗜好性も高い主食といえば、シード食（種子混合餌）です。

オカメインコにとっては、ブレンドされた数種類の穀類の中から、好みの種子を気分で選びだし、一粒、一粒、殻をむいて食べる喜びがあります。

また、カゴの中で生きる鳥たちにとっての「殻を剥いて食べる」という日常の作業は、暇つぶしやストレスの解消にもなります。小鳥の飼料としてシード食は飼料としての歴史もあり、自然に近いエサといえるでしょう。

シード食の配合

複数の種子がバランスよくブレンドされているものを選びましょう。

小型インコで種子食のコンパニオンバードの食べる一般的なシードの配合の比率はヒエ5、アワ2、キビ2、カナリーシード1あたりが一般的です。

この組み合わせで、タンパク質10%、脂質4%とバランスのよい数値になります。

この配合をベースに、季節によって少し内容をかえてみたり、日替わりでエン麦やソバの実、粟穂などをおやつ的に与えて、毎日の食餌に変化をつけましょう。

換羽期や成長期、そして繁殖中には、いつもの倍以上のタンパク質、カルシウムが必要になるので、これらの栄養素が多く入った副食を積極的に増やして与えます。

また、種子によって特徴があり、含まれる栄養素も異なります。できるだけまんべんなく、すべての種を食べきるように仕向け、エサの継ぎ足しは慎重に行いましょう。

余分なものが入っていないものを

ドライフルーツやヒマワリ、アサノミ、サフラワー、エゴマなどは、肥満の原因になることはもちろんのこと、嗜好性が高すぎて、愛鳥が肝心の主食や副食を食べようとしなくなることがあります。

いずれもおやつとして、ごくたまにあげる程度に留めるべきです。

アサノミは法律上、発芽しないための薬品処理がされています。消臭成分なども小鳥にとっては不要です。

殻つきを選ぶ

主食のシードには、必ず殻つきの種子混合餌を選ぶ必要があります。

殻を剥いた状態の「ムキ餌」も販売されていますが、これらのエサは殻が出ないというのが唯一のメリットで、栄養は期待できません。殻を剥いたシードは殻が鳥自身で剥けない事情でもない限りは、オカメインコの主食としては不向きといえます。

●品質をチェック

- 粒が揃っているもの
- 粒が全体的に大きめで艶のあるもの
- カスやゴミが入っていないもの
- 無農薬や減農薬で栽培されたもの
- 開封した時に虫がわいていない、カビ臭いにおいがしないもの
- 原材料がわからない余計なものが入っていないもの

●シード食の良い点

- 食いつきが良い
- 入手しやすい
- ペレットに比べて割安感がある

●シード食の難しい点

- 副食が欠かせない
- 栄養バランスの調整が困難
- 偏食になりがち
- 種子の殻が出て散らかる
- 殻が残るため食餌した量がわかりづらい

シード食の限界

種子には良質なタンパク質が含まれていますが、ビタミンやミネラル類が、まったくと言っていいほど含まれていません。

そのため、シード食に不足しているこれらの栄養素は、青菜やミネラルブロック、ボレー粉、カトルボーン、塩土といった副食をタイミングよく与えることが基本となります。

そういった手間暇も小鳥を飼う楽しみのひとつにできるなら、より自然に近い食餌、シード食をメインにするのも良いでしょう。

新鮮な青菜など、副食の調達や匙加減に自信がないようであれば、ペレットを主食にするのが無難です。

時にはサプリメントや栄養剤も併用し、不足しがちな栄養素を補うようにしましょう。

副食

シードが主食の場合は、ビタミンやミネラルが摂取できる副食が不可欠です。

主食に影響しない範囲で与えましょう。

副食の種類

ボレー粉：カキの殻を砕いたもの。ミネラル、カルシウム分が豊富。市販品は塩分が高く、汚れが付着していることがあるので与えるのは水洗いをした後に乾燥させてから。

カトルボーン：イカの甲。カルシウム、ミネラルが含まれている。不可欠なヨードなど微量元素の補給に最適。クチバシのグルーミングや、ストレス解消にも。

ミネラルブロック：塩分やミネラル成分が添加された固形ブロック。

塩土：塩やボレー粉を赤土に混ぜたもの。消化に必要なグリッドの役割も。

ボレー粉

ミネラルブロック

塩土

野菜類

野菜の中でも特に毎日与えたいのは、レタスなどキク科の青菜です。新鮮で栄養価の高い青菜を数日おきに少量ずつ与えるのがポイントです。

ビタミンAが豊富な野菜

コマツナ、チンゲンサイ、トウミョウ、セロリ、ニンジン、ピーマンなどがあります。

ニンジンやブロッコリーなどは茹でてから与えるとカロテンの体内吸収率が高くなります。腐敗しやすいので食べ残しはすぐに取りだしましょう。

おやつ

穀食性の小型インコであるオカメインコには、本来、おやつは不要です。果物や小鳥のおやつとして販売されているものは、肥満の原因になるので、爪の先程度に留めましょう。

おやつの種類

粟穂やそばの実、エン麦、ヒマワリの種などをおやつにします。

塩を使わずに茹でたトウモロコシや枝豆もおやつになりますが、下痢の原因になりますので少しだけにします。乾燥させたニンジンやカボチャの手作りチップスもお勧めです。

そばの実

エン麦

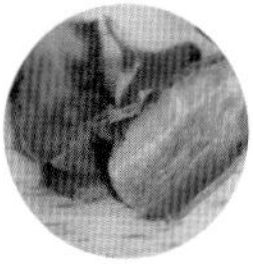
乾燥ニンジン

必要な栄養素

飼育下にあるオカメインコは、自らの意思で必要な食べるものを選ぶことはできません。オカメインコの健康を守り、長生きをさせるためにも、エサやおやつの栄養に関する基礎知識を身につけましょう。

飼い主の責任において良質なエサを与える

野生のオカメインコは自ら食物を選びますが、飼育下のオカメインコは与えられたものを食べることになります。

「鳥に危険なものだけは与えない」、ではなく、オカメインコの食性を理解した上で、「安全性が確認されたもの以外は与えるべきではない」、と考えましょう。

商品名に惑わされない

「オカメインコ用」などと銘打って販売されているエサやおやつの中には眉唾なものもあります。よく食べるからといって、からだに良いものとは限らないのです。

特に、消費期限や成分表示がないものには要注意です。飼い主さん自身の目で確かめ、与えて大丈夫なものか吟味しましょう。

成分表からわかること

次のページの表からもわかる通り、麻の実、エゴマといった種実類は、とてもハイカロリーで脂肪分が多く、オカメインコが常食する食餌としては適していません。

また、シード食の基本とされている、アワ、ヒエ、キビには、良質なタンパク質は含まれていますが、ビタミンがほとんど含まれていません。ミネラルも同じようなことがいえます。

愛鳥をシード食で育てたい場合は、基本になる種子混合餌のほかに、ビタミンA含有量の高い青菜や、カルシウムやナトリウムが多く含まれているボレー粉やカトルボーンなどの副食、さらにビタミンD生成のための日光浴、あるいはビタミン剤などのサプリメントが欠かせません。

■種子、種実の栄養成分（食品 100g 中）

	アワ（精白粒）	ヒエ（精白粒）	キビ（精白粒）	エン麦	ソバ（全層粉）	カナリーシード	あさの実	エゴマ
エネルギー(Kal)	364	361	353	350	339	377	450	523
水分(g)	13.3	12.9	13.8	10.0	13.5	12.9	4.6	5.6
タンパク質(g)	11.2	9.4	11.3	13.7	12.0	21.3	29.9	17.7
脂質(g)	4.4	3.3	3.3	5.7	3.1	7.4	28.3	43.4
炭水化物(g)	69.7	73.2	70.9	69.1	69.6	56.4	31.7	29.4
食物繊維(g)	3.4	3.3	1.6	9.4	4.3	21.3	23	20.8
βカロチン(mcg)	0	0	0	0	0		25	23
レチノール(mcg)	0	0	0	0	0		0	2
ビタミン D(mcg)	0	0	0	0	0		0	0
ビタミン E(mg)	0.6	0.1	0.8	0.6	0.2		1.8	1.5
ビタミン K(mg)	0	0	0	0	0		51	1
ビタミン B1(mg)	0.56	0.25	0.34	0.20	0.46		0.35	0.54
ビタミン B2(mg)	0.07	0.02	0.09	0.08	0.11		0.19	0.29
ナイアシン(mg)	2.9	2.3	3.7	1.1	4.5		2.3	7.6
ビタミン B6(mg)	0.18	0.17	0.11	0.11	0.30		0.40	0.55
ビタミン B12(mcg)	0	0	0	0	0		0	0
葉酸(mcg)	29	14	13	30	51		82	59
パントテン酸(mg)	1.83	1.50	0.95	1.29	1.56		0.57	1.65
ビタミン C(mg)	0	0	0	0	0	0	0	0
ナトリウム(mg)	1	6	2	3	2	1	2	2
カリウム(mg)	300	240	200	260	410		340	590
カルシウム(mg)	14	7	9	47	17	20	130	390
マグネシウム(mg)	110	58	100	100	190	1300	400	230
リン(mg)	280	0	160	370	400	500	1100	550
鉄(mg)	4.8	0	2.1	3.9	2.8	5.0	13.0	16.4
亜鉛(mg)	2.5	0	2.7	2.1	2.4	5.0	6.1	3.8
銅(mg)	0.49	0	0.38	0.28	0.54		1.32	1.93
マンガン(mg)	0.88	0	0		1.09		9.97	3.09
リノール酸(mg)	0	0	0	2000	950		15000	5100
αリノレン酸(mg)	0	0	0	92	61		4700	24000

「八訂日本食品標準成分表 増補 2023 年」より抜粋
カナリーシードの数値は 2004 年コンパニオンバード No.1（小社刊）参照。１３成分の分析値のみ表示

■野菜の栄養成分（食品 100g 中）

	小松菜(葉)	チンゲン菜（葉）	豆苗（葉、茎）	白菜（葉）	ニンジン（根・皮つき）	赤ピーマン	パセリ（葉）	リーフレタス	レタス
エネルギー(Kal)	13	9	28	12	26	28	34	16	11
水分(g)	94.1	96.0	90.9	93.9	90.4	91.1	84.7	94.0	95.9
タンパク質(g)	1.5	0.6	3.8	1.3	3.8	1.0	4.0	1.4	0.6
脂質(g)	0.2	0.1	0.4	0.1	0.2	0.2	0.7	0.1	0.1
炭水化物(g)	2.4	2.0	4.0	2.6	7.3	7.2	7.8	3.3	2.8
食物繊維(g)	1.9	1.2	3.3	2.2	3.8	1.6	6.8	1.9	1.1
βカロチン(mcg)	3100	2000	4100	1900	6700	1100	7400	2300	240
レチノール(mcg)	0	0	340	0	720	88	0	0	0
ビタミン D(mcg)	0.0	0.0	0.0	0.0	0.0	0.0	0.0	0	0
ビタミン E(mg)	0.9	0.7	3.3	1.3	0.5	4.3	3.3	1.3	0.3
ビタミン K(mg)	210	84	280	130	12	7	850	160	29
ビタミン B1(mg)	0.09	0.03	0.24	0.05	0.05	0.06	0.12	0.10	0.05
ビタミン B2(mg)	0.13	0.07	0.27	0.13	0.05	0.14	0.24	0.10	0.03
ナイアシン(mg)	1.0	0.3	1.1	0.7	1.1	1.2	1.2	0.4	0.2
ビタミン B6(mg)	0.12	0.08	0.19	0.14	0.12	0.37	0.27	0.10	0.05
ビタミン B12(mcg)	0	0	0	0	0	0	0	0	0
葉酸(mcg)	110	66	91	150	46	68	220	110	73
パントテン酸(mg)	0.32	0.17	0.8	0.28	0.31	0.28	0.48	0.24	0.2
ビタミン C(mg)	39	24	79	88	4	170	120	21	5
ナトリウム(mg)	15	32	7	21	16	Tr	9	6	2
カリウム(mg)	500	260	350	300	630	210	1000	490	200
カルシウム(mg)	170	100	34	140	45	7	290	58	19
マグネシウム(mg)	12	16	22	27	20	10	42	15	8
リン(mg)	45	27	61	37	43	22	61	41	22
鉄(mg)	2.8	1.1	1.0	2.3	0.3	0.4	7.5	1.0	0.3
亜鉛(mg)	0.2	0.3	0.4	0.2	0.2	0.2	1.0	0.5	0.2
銅(mg)	0.06	0.07	0.08	0.05	0.08	0.03	0.16	0.06	0.04
マンガン(mg)	0.13	0.12	0.11	0.21	0.13	0.13	1.05	0.34	0.13
リノール酸(mg)	8.0	(21)	-	(3)	-	(67)	(100)	(16)	12
αリノレン酸(mg)	56.0	(28)	-	(24)	-	(37)	(7)	(39)	14

Tr: 微量　() 内は推定値　「八訂日本食品標準成分表 増補 2023 年」より抜粋

人の食べ物を食べさせてはいけない理由

味さえなければ問題ナシ?

インコ・オウムの食べ物として、「味のついていない食べ物なら大丈夫」というのは、根拠のない誤った認識です。

味はつけていないからといって、オカメインコに炊いた白米やゆでた麺、食パンなどを与えてしまい、愛鳥を苦しめてしまうケースがあとを絶ちません。

味がついていないはずのこれらの食べ物はどうして与えてはいけないのでしょうか。

例えば食パン。パンの原料には小麦粉の他にタマゴやバター(あるいはマーガリン)、食塩、砂糖などが使われています。

食塩や砂糖は味をつけるためのものですし、脂肪分の塊であるバターやマーガリンもオカメインコの消化器官では消化は難しいといえます。

小麦粉も加熱するとアルファ化(糊化)し、オカメインコにとって消化が困難な食べ物になります。これらは体温の高いインコの体内で腐敗し、未消化のまま、体内に残留し、真菌(カビ)の原因となります。

これは、パンだけでなく、加熱して作る米、パスタ、そば等も同様です。

サツマイモやジャガイモも、加熱するとアルファ化します。

それ以外にも、市販のパンの多くには、合成着色料、香料、乳化剤やイーストフードなど、人間の身体にも害があると考えられている食品添加物がさまざまな形で使われています。

ヒトの健康を基準にして添加されている人体にさえ有害なそれらの合成添加物が、小さなオカメインコにどれだけの悪影響をもたらすことかを考えたら、安易にヒトの食べ物は与えられなくなるのではないでしょうか。

人の食べ物で与えてよいのは いくつかの野菜くらい

人が口にするものでオカメインコに与えてよいものは、新鮮な野菜と、僅かな果物程度であると言えるかもしれません。

オカメインコのおやつとして与えられることも多い市販の果物の問題点は、その果物の含有する糖分にあります。

市販されている果物は、一昔前と異なり、食べられないほど酸っぱいものは、市場に出回らなくなりつつあります。

ヒトが食べた時に口当たりがよくおいしいと感じることができるよう、農家では果物を作る際の肥料を工夫したり、収穫後の保存方法を工夫したりして、果物本来の甘さに比べ、数段、甘みを強く調整しています。

果物そのものに害があるわけではありませんが、人間の嗜好に合うよう、人為的に糖度が高く調整されている果物は、もはや自然の食物とは言い難い面があります。

オカメインコの食性

オカメインコは、一般的なコンパニオンバードの中において、からだは少し大きめですが、れっきとした小型インコです。中型インコと同じような感覚で食べ物を与えることは、望ましくありません。

例えば、オカメインコは種子食ですが、中型インコのコガネメキシコインコやウロコインコは植物食ですし、ヒインコやセイガイインコたちは花蜜食です。

これらのインコたちとオカメインコは、食性が異なるので、からだの大きさに大差はなくても、食べ物を消化する能力が異なります。オカメインコがこれらの中型インコとは違う食性であることを、よく理解しましょう。

また、オカメインコは乾いて荒涼とした広い大地を、高速スピードで縦横無尽に飛び交って暮らしてきた運動量の多い鳥です。

そもそも草の種子を主食にしているほどの粗食で長距離を移動しながら暮らすオカメインコですから、狭いケージの中でカロリーの多い食事を与えてしまうと、たちまち肥満になってしまいます。言いかえると、もともとオカメインコは、肥満になりやすい体質であるともいえるのではないでしょうか。

基本は粗食であることを忘れない

インコ自身にとって毒になる要素のある食べ物は本能で嗅ぎ分けられるだろうと考え、オカメインコが食べるなら何を与えてもOKと考える人がいますが、これでは愛鳥も長生きできません。

野生のオカメインコならともかく、わたしたちが家庭で飼育している、コンパニオンバードとしての歴史も長いオカメインコたちに、野生の本能を期待するのはムリというものです。

オカメインコは、「用心深く、でも好奇心旺盛」な小鳥です。

特に若い頃は、何にでも興味を示して、新しい食べ物に対しても、果敢にチャレンジしようとします。

野生のオカメインコの住む、人気のない砂漠地帯であれば、たしかに毒のある植物や木の実くらいは匂いや味で見分けることができるのかもしれません。

しかし、コンパニオンバードであるオカメインコは違います。飼い主との暮らしの中に存在する、甘くおいしそうな香りのするお菓子や、味のついた人間用のごはんやおかずを前に、「この食べ物は自分のからだにとって有害かどうか」を見分ける能力があるかと聞かれたら、わたしたち人間同様、それはたいへん難しいことです。そもそも、野生下には存在しない食べ物だらけなのですから。

飼い主しか愛鳥の健康は守れません。オカメインコの健康にとって、何が良くて何がNGか、よく調べてから与えたいものです。

COLUMN

スプラウトにチャレンジ

スプラウトって?

種子を発芽させた状態の「芽だし餌」のことをスプラウトといいます。

このスプラウトは、種子の状態や、さらに育った葉や実の状態よりも、草花の一生の中で、もっとも栄養分を多く含んだ状態にあります。部屋の中で育てることができ、短期間で成長する上、新鮮で栄養満点なスプラウト。

愛鳥家としては、これを利用しない手はありません。

スプラウトは自然の恵みをたっぷりと含んでいて栄養価も高く、その上、インコたちにも好まれる、「自然の美味しいサプリメント」といえるでしょう。

スプラウトの注意点

水分をたっぷり含んだ種子は、カビなどの雑菌の温床になりやすい状況にあります。

オカメインコのためにスプラウトを作っても、カビの生えた不衛生なものを作り、愛鳥のからだに害を与えてしまうようでは、かえって大きくマイナスなことになってしまいます。スプラウトを作る時は細心の注意が必要です。

梅雨や夏の間など、高温多湿の時期はスプラウト作りには不向きです。

もし悪臭や水の傷み、表面のぬめり、カビのような汚染が見られたら、いさぎよく棄ててしまいましょう。

傷みが一部だけの時は、土を入れたプランターに埋めて育て、その後、葉や実を収穫して与えることもできます。

粟穂スプラウトの作りかた

小鳥のエサとして販売されている、粒の揃った質のよい粟穂を、そのままスプラウトとして発芽させます。

❶よく洗浄する

粟穂を水に浸し、流水でよく洗い流します。

水の濁りがとれたら、清潔な水を張った容器に粟穂を入れます。

❷フタをして寝かす

ゴミの混入や太陽の光を避けるため、容器にフタをするかアルミホイル等で表面をカバーし、冷蔵庫で寝かせます。

毎日、粟穂を浸している水は入れ替え、シードが発芽するのを待ちます。

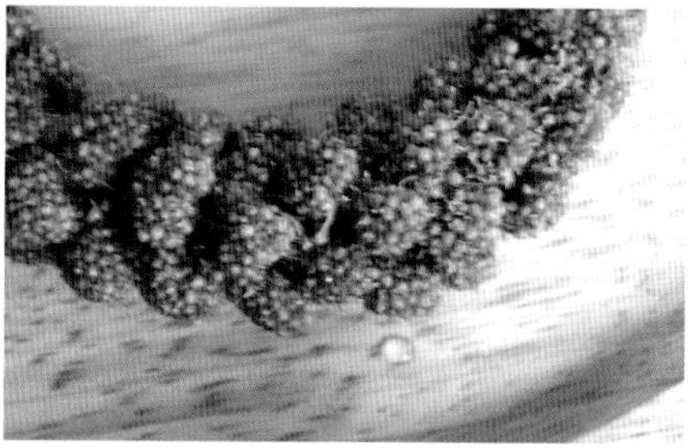

❸発芽したら早めに使い切る

発芽したら小分けにして、冷蔵庫で保管し、早めにおやつとしてオカメインコに与え切りましょう。

新芽が出るか出ないかの状態がもっとも栄養価の高い時期で、インコたちの食べごろです。（下の写真は育ちすぎです。）

スプラウトは気温にもよりますが、だいたい3〜6口くらいで芽を出します。

発芽したら収穫してしまう前に1日ほど日光に当てておくと、スプラウトの栄養価が増します。

※スプラウトに使えない種

ネコ草にするためのエン麦などが種子として販売されていますが、それらの種子は防腐剤が使われていることがあるため、スプラウトとしては利用できません。小鳥のエサとして売られている殻つきの種子のみがスプラウトに使えます。

また、小鳥のおやつとして販売されている麻の実は、法律上、発芽しないための薬品処理がされていますのでスプラウトにはなりません。

Chapter 6

コミュニケーション

オカメインコの心理学

オカメインコにも十人十色の個性があり、豊かな感情を有しています。

オカメインコの気持ちを知って良好なコミュニケーションに役立てましょう。

オカメインコにも個性がある

わたしたちヒトと同様に、オカメインコにもキャラクターというものがあります。

種としての特性に加え、それぞれの個体にそれぞれの味があります。

これは遺伝的な要因による場合もありますし、環境的な要因に起因する場合もあります。さらに、遺伝と環境、その両方が複雑に絡み合った結果として、難しい芸を覚えることもあれば、必要以上に警戒心が強くなったり、攻撃的になったりすることもあるわけです。

例えば、骨格などは親鳥からの遺伝的要素が強く、環境による影響は少ないといえますが、オカメインコが覚えるモノマネや芸などは、オカメインコにそれを覚えるための適切な環境が与えられないことには、豊かな資質があったとしても覚えようがない、ということになります。

オカメインコが呼び鳴きする理由

オカメインコは、野生下では小集団の群れを作り、特定の縄張りは持たず、たいへん広大な地域を仲間と共に食べ物や水を求め、飛び交って暮らしています。

また、オカメインコは武器を持たないため、猛禽類などの天敵から狙われないよう、群れの中で一羽だけ目立った行動をとるということもありません。

たとえ体調が悪くてもそれを必死に隠し、仲間と同じ行動をとろうとします。

仲間である小集団から離れてしまうことは「死」を意味することにもなりかねないからです。

そんなことから、飼育下にあるオカメインコたちも、仲間（飼い主やその家族）の姿が見えなくなると、不安を覚え、呼び鳴きすることで仲間を呼び戻そうとするのかもしれません。

ということは、オカメインコ自身が仲間のいる場所に自由に行き来できる環境にあれば、あるいは、コンタクトがとれる状況があれば、どうでしょうか。

「飼い主や家族の気配が常に感じられて、落ち着く場所」がケージを置く場所としてふさわしいとされる理由はここにあります。

オカメインコがパニックを起こす理由・威嚇する理由

飼い主や家族を仲間と捉えているはずのオカメインコが冠羽をめいっぱいふりあげて、頭部を後ろに引き、クチバシを大きく開けて「シャー!」と威嚇してくることが稀にあります。

その時のオカメインコの心理状態はどのようなものなのでしょうか。

オカメインコは前述の通り、縄張りも持たなければ狩りもしません。捕食される側の鳥ならではは逃げ足の速さもあります。そんなオカメインコが激しく威嚇してくるというのは、よほどのことと捉えるべきではないでしょうか。

例えば営巣中、巣箱の中に手を入れようとすれば、親鳥たちは命がけでそれを阻止すべく、威嚇してくることがあります。これは子孫を残すために、必死で敵に立ち向かっているわけです。

そうではなく、愛鳥のお世話をしている時、あるいは、コミュニケーションをとっている時に、そのような激しい威嚇行動があったなら、オカメインコの目線で考えると、それは非常事態で、目の前の相手にただならぬ恐怖を感じた末の威嚇であるとも考えられます。

「ちょっと手を上からかざしただけ」、「ちょっとおもちゃを近くに寄せただけ」、たったそれだけのことなのに大げさな……、と、思うかもしれませんが、小さなオカメインコにしてみると、それだけの危険な行為が行われているのだという自覚を持って接しましょう。

その一方で、飼い主に向けて、日常的にこの威嚇行動が行われている場合もあります。それは、「こうやって威嚇すれば飼い主が手を引く」ということを学習してしまったためです。手っ取り早い意思表示の手段が威嚇になっているケースです。

いずれにしても、オカメインコが良い気分の時に行う行動ではありませんので、飼い主の側はオカメインコの目線で、イヤなことはしないようにしましょう。

オカメインコが環境の変化に敏感な理由

オカメインコに限らず、コンパニオンバードと呼ばれる鳥たち全般にいえることですが、彼らは環境の変化に対してとても敏感です。時にはそのちょっとした環境の変化にもついてゆけず、たちまち体調を崩してしまったり、毛引きや自咬といった問題行動に繋がってしまったりすることがあります。

騒音や振動、匂い、明るさ、etc……。共に暮らしているヒトの側にはなんでもないことも、オカメインコにとっては耐えがたく、時には命にも関わる大きなトラブルを引き起こす原因になります。

愛鳥のためを思ってケージに入れた、かわいらしいバード・トイの存在さえが、その原因になることもあります。

なぜオカメインコはこんなにも環境の変化を苦手とするのでしょうか。

それはひとえに、オカメインコはもともと広大な地域を縦横無尽に飛び交い、よりよい環境を求めて生活の場所を移すスタイルの鳥であるからではないでしょうか。

今いる環境が生活に適していない場所であると判断すれば、その場所に固執することなく、新天地を求めて旅立ちます。

そしてわが身や仲間の身に危険を察したら、すぐにでもその場から飛び立てるよう、からだは常にアイドリング状態にあります。それが、オカメインコたちの生き残りをかけた生存戦略なのではないでしょうか。

窮地に立たされた時、即座にそこから逃げ出すための能力はあっても、その場で苦難に耐え続け、そこに適応するための能力は有していないということです。

あなたのオカメインコは、いつもカゴの中にいるということをどうか忘れないでください。

オスとメスの性格の違い

個体差や性格によるところも大きいのですが、一般的には、雌雄の性質の差は、以下のようなことがいえます。

オス

- 羽色がメスより鮮やか。
- 鳴き声がよく通り、そのバリエーションもメスより豊富。
- コミュニケーションに積極的。
- 呼び鳴きもメスに比べると多め。
- 発情期には攻撃的になることも。
- 言葉やモノマネを覚えやすい。
- 縄張り意識が高め。
- 孤独が苦手。

メス

- 鳴き声はオスよりは静かめ。
- どちらかというと保守的(内向的)。
- オスよりはマイペース。
- オスに比べると独りの時間を苦にしない。
- 呼び鳴きもオスよりはひかえめ。

雌雄が判明しているメリット

動物病院での診察でも、雌雄は必ず確認されるポイントです。

例えば、卵秘(卵詰まり)や精巣腫瘍は、それぞれメスとオス、特有の病気でもあり、雌雄は体重や食欲と同様に、病気の診断に大きく役立つ情報にもなります。

性別を知った上でお迎えしたいということであれば、はじめての換羽を終えた若鳥の中から選ぶか、遺伝的に性別が判明しているヒナをブリーダーから入手する、あるいは、DNA鑑定を依頼するという手があります。

ただ、性別によって罹《かか》る病気の傾向はわかるものの、その個体特有の性質まではわからないので、巣引きが目的ではなく、手乗り鳥に育てたいということであれば、性別にこだわるよりは、人を怖がらず、自分と相性のよさそうな個体を選んだほうが良いのかもしれません。

心の距離を近づけるために大切なこと

オカメインコと良好なコミュニケーションをとるには、なによりオカメインコの気持ちを知ろうと努力し続けることが大切です。一方的な愛情の押し付けは逆効果ですので気を付けましょう。

違いを受け入れる

オカメインコとわたしたちヒトは分類学上もだいぶ異なる存在です。ましてや血を分けた親子でもありませんから、「口にしなくてもわかりあえるはず」という思い込みは捨てましょう。それが繋がりかかった心の橋に、亀裂を入れてしまうことさえあります。

こちらから一方的な愛情を押しつけても、臆病なオカメインコには通じないどころか、自分の存在をおびやかす脅威にしか映らないことすらありますから、彼らとの良好なコミュニケーションには常に繊細さが求められることを肝に銘じておきましょう。

日々の世話は決まった時間に行う

毎日行うオカメインコの世話は、朝なら朝、できるだけ決まった時間に行いましょう。

ほぼ同じ時間帯に行うことで、オカメインコがやがて飼い主による「おつとめ」を心待ちにするようになります。

これにより、「飼い主がやってくる」→「自分にとって良いことが起こる（食餌・水の交換等）」という図式が成立します。やがて、オカメインコの中で「この時間に待っていれば飼い主は必ず来てくれる」という期待が確信に変わった時、愛鳥ははじめて、その家で安心して暮らすことができるようになります。「心の安全基地」を持ったからです。ここからはオカメインコの側から飼い主へ信頼を寄せてくれるようになることでしょう。

放鳥は毎日。ただし時間はこちらの都合で決める

エサや水の交換とは異なり、手乗りの鳥にとって放鳥は大切なことではありますが、命に関わるほどのものではありません。

そんなことを考えると、放鳥の時間帯や放鳥タイムの長さに関しては、こちら側の都合のよい時間帯を見計らって、その日その日で決めても良いといえるでしょう。

むしろ、放鳥やスキンシップの時間は、毎日同じ時間に行わないほうがお互いのためかもしれません。というのも、例えば毎朝、毎晩、決まった時間に長時間遊んでくれていた飼い主さんが、仕事の都合などで急に遊んでくれなくなってしまったらどうでしょうか。

オカメインコには飼い主さんの都合までは理解できませんから、自分は飼い主から見捨てられてしまったと、いじけてしまうようなことがあるかもしれません。

今まで飼い主さん側が良かれと思ってずっと同じ時間帯で行われてきた放鳥が突然、なんらかの事情で損なわれてしまうと、「決められた時間に決められたことが行われない」ということで、オカメインコにとって大きなストレスになってしまうこともあり得るわけです。

例えばわたしたちが、毎日決まった時間に昼休みをとっているところを、学校や会社側の都合で昼休みの時間が無くなってしまったり、大幅にずらされてしまったりしたら、いい気分はしないものです。さらにそれが、自分にとって一日一回、頑張った自分への最大のご褒美でありお楽しみの時間であったとしたらどうでしょうか。

手乗り鳥にとって放鳥タイムは生きがいといっても過言ではありません。

そんな彼らの期待をむだに裏切ることのないよう、無理のない放鳥時間や時間帯に無理のない範囲で放鳥は行い、時間帯にこだわるよりは、毎日続けることが大切です。

オカメインコに「今日はいつ出してくれるのかな」と、楽しい期待を持たせることも、彼らのQOLを向上させるひとつといえるのではないでしょうか。

ボディランゲージに表れるオカメインコのきもち

言葉を用いないコミュニケーションのことを「ノンバーバル・コミュニケーション」といいます。身振りや手振り、視線、表情といったものを用いて、今の思いを目の前の相手に伝えることで、相手もまた、こちらが何を要求し、何を訴えているのかを察知して意思疎通することができます。

これは、ヒトとヒトとの間だけのことではなく、言葉を持たない動物との関係においてもおなじことがいえます。

ぐるりと首を回してカキカキをおねだりしたり、鼻の孔を拡げるようにして怒ってみたり――。オカメインコたちは豊かな表情としぐさで、全身を使って喜怒哀楽をわたしたちに伝えてきます。

愛鳥の表情や行動の変化をうっかり見過ごしてはいませんか。

なにげなく行われているように見える動作や鳴き声のトーンに着目することで、愛鳥が今、どんなきもちでいるのか、徐徐に理解できるようになってくるものです。

オカメインコの様子から、期待に胸を膨らませているのか、それとも拗ねているのか、何かに怯えているのか、etc……。

愛鳥の気分が正確に把握できるようになれば、早い段階で体調不良に気づくこともできます。さらに、愛鳥の気分に見合った対応がとれるようになれば、今まで以上にスムーズな意思疎通がとれるようになるはずです。

うれしい時・かまって欲しい時のサイン

- いかり肩のように翼を浮かせ気味にする
- 止まり木や机の上を行ったり来たりする
- 翼を上下にアップダウンする
- 足はその場でからだだけ左右にせわしなくゆする
- ケージに飛びつく
- 頭部を上下にふる

➡ハイな気分をなるべく目立つよう、愉快な動作でPRしてくることがあります。
コミュニケーションをとりたいと思っているようですから、時間が許すかぎり、期待に応えてあげたいものです。

体調の良い時のサイン

- よく通る声で元気にさえずる
- 水浴びする

➡さえずりは健康のバロメーターになります。
新鮮な風にあたった時、見通しのよい場所にいる時にも元気に鳴くことがあります。
体調が思わしくない時に、オカメインコが良く通る声で鳴いたり、水浴びすることはありません。

暑い時のサイン

- 翼部(腋の下)を浮かせている

- クチバシが半開き
- 呼吸が荒い
- 日陰を探し、水のそばや隅のほうにいる

➡オカメインコは、暑いと感じると、羽毛の中に必要以上に熱がこもらないよう、両翼を腹部から浮かせて風通しをよくし、クチバシを開け、体温が上昇しすぎないように調整します。オカメインコの場合、30℃程度の暑さはむしろ快適な温度ですが、乾燥地帯に暮らす鳥のため、高い湿度は苦手で、湿度が高すぎてもこのようなしぐさをとります。

寒い時

- 脚の先まで羽毛で覆っている
- 全身の羽毛を立てて膨らんでいる
- 片脚立ちをしている
- 頭部を後ろの羽毛の中に入れている

➡オカメインコは、全身の羽毛を膨らまし、温めた空気を外に逃がさないようにして、体温維持を行います(膨羽)。
眠くなる時も体温を逃がさないよう膨羽することがあります。
就寝の時間でもないのに、羽を常に膨らませているようであれば保温が必要です。適切な温度で保温を行っても、愛鳥の羽毛がまだ膨らんでいるようであれば、体調に問題が生じているのかもしれません。

恐怖

姿勢を低くし、頭を上げ、後ろにからだを引くような動作の時は怖がって後ずさりしたい気分かもしれません。しつこくするのはやめましょう。

主張・興奮

- 瞳孔が収縮している
- 羽毛を逆立てている、または広げている
- クチバシを大きく開けて向かってくる

➡全身の羽毛を逆立て、瞳孔が収縮し、興奮状態にある時は、縄張りの主張や怒り、恐怖を覚えている時で、「ギギッ」という鳴き声を伴うこともあります。気持ちを逆なでしないようにしましょう。

落ち着いている時・眠い時

- ブチブチ呟いている
- ジョリジョリとクチバシを擦り合わせている
- 羽繕いをしている

➡オカメインコが羽繕いをしている時や、クチバシをグルーミングしている時は、安全で気分が落ち着いている時です。眠る前にもこの動作が増えます。

眠い時

- 羽毛をふんわりさせ、目を閉じている
- グジュグジュとつぶやいている
- 足を羽毛で覆っている

➡オカメインコも、寝る前には、就寝のための体制を整えはじめます。グジュグジュ鳴いている時は、周囲がうるさいと苦情をつぶやいているようにも聞こえます。

こんな時は静かにし、ケージには遮光性の高いカバーをかけ、そっとしておきます。

気分転換する時、眠りから醒める時

- 翼を伸ばす
- あくびをする

➡羽毛のコンディションを調整したり、気分転換したりする時には翼を広げることがあります。思いっきりのびができる広いケージを用意してあげたいものです。

あくびに関しては、眠い時ばかりではなく、目覚めの時、疲れている時、極度な緊張状態にある時にも出ますので状況に応じて判断しましょう。

求愛・発情

- 尾羽を横に広げる(オス)
- エサを吐き戻す(オス)
- 羽毛を逆立てる(オス)
- コツコツと止まり木やおもちゃを叩く(オス)
- お尻をすりつける(オス)
- 低姿勢で翼を広げる(メス)
- 背部を反らす(メス)
- 攻撃的になる(オス・メスともに)など

➡性成熟を迎えると、オカメインコたちも求愛のポーズをとるようになります。

その対象は人の手やおもちゃ、止まり木、

いろいろなものです。

過度な発情は、体調を崩す原因のひとつにもなります。

そんな時は、発情させない工夫が必要です。

集中している時

- 頭部の片側を音や声のする方向に傾けてじっとしている
- 静かに瞳孔を収縮させている

➡言葉を教えるのには絶好のチャンスです。

繰り返し、覚えて欲しい言葉で優しく声をかけ続けましょう。

かまって欲しい時・甘えたい時

- 羽毛を軽く逆立て、首をかしげる
- 甘咬みをする
- 手の平や指、頬にからだを預けてくる

➡仲の良い鳥同士が行う行動で羽繕いに誘うしぐさでもあります。

スキンシップを求めている時ですが、からだ全体に触れると発情に繋がってしまうので、頭部を掻いてあげましょう。

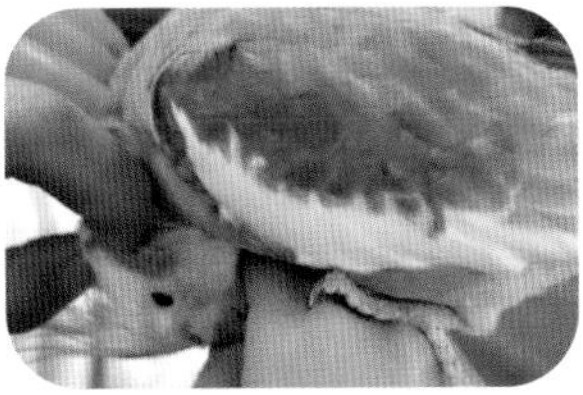

驚いた時

- からだに羽毛をピタッとつける
- 目を白黒させている（瞳孔が激しく収縮）
- 冠羽が逆立つ
- 慌てて飛び立つ
- ギャッと鳴く

➡オカメインコたちも驚いた時にはとっさに逃げようとしたり、恐怖の声をあげたりすることがあります。

まずは落ち着かせましょう。

ボディランゲージにも個体差がある

オカメインコのしぐさや表情にもそれぞれ個性があります。

愛鳥の動きや表情をじっくりと観察し、愛鳥の今の気分を読みとりましょう。

しつけとトレーニング・モノマネ

小鳥にしつけは必要ありませんが、一緒に楽しめることのひとつとして、トレーニングや芸があります。無理のない範囲で遊びながらトレーニングしましょう。

体罰は百害あって一利なし

コンパニオンバードであるオカメインコと暮らす上で、厳しいしつけや過酷なトレーニングを行うことはご法度です。それをやってみたところで、愛鳥との溝は深まるばかりです。

特に体罰はもってのほかです。こちらは軽い気持ち、軽い力で叩いたつもりだったとしても、小さなオカメインコにとっては命を脅かされたと感じるほどの脅威となります。

それに、暴力を振るわれて萎縮してしまったオカメインコとの関係を修復するのも、容易なことではありません。

体罰とは、力の強い者が力の弱い者に対して肉体的な苦痛を与えることで、服従させる行為ともいえます。

そうはいっても、「愛鳥が体罰を日常的にしている家族の言うことはよく聞くけれど、そうでない家族に対しては攻撃的」というケースも中にはあるでしょう。

これは、愛鳥が長期にわたって回避困難な状況に置かれたことで、その状況から逃れることを諦めてしまった状態とも考えられます（心理学用語で「学習性無力感といいます」）。

この場合、鳥の側がイヤな体験（暴力）からただ逃れたい一心で、服従しているだけ

であって、そこに絆や信頼関係は成立していません。

また、慣れとは恐ろしいもので、このような体罰は習慣化してしまうだけでなく、感覚が麻痺してしまい、思った効果が得られないと、暴力をエスカレートさせてしまう傾向があります。

コンパニオンバードが、なぜ暴力を振るうイヤな相手の言いなりになるかといえば、飼い主の庇護のもとでしか生きることができないという宿命にあるからです。彼らにとって、暴力を振るう相手から安全な場所に逃げるという選択肢は存在しないのです。

しつけという名の体罰はオカメインコの心に深い傷を残します。

呼び戻しにチャレンジ

我が家のオカメインコが出来ると嬉しいことのひとつに、「呼ぶと自分のもとに飛んでくる」ことがあります。

難しいしつけをする必要はないものの、愛鳥を名前で呼び戻せるようにだけはしておきたいものです。

なぜなら呼び戻しは、愛鳥が危険な場所に行こうとしている時、あるいは、逃げたり迷子になったりした時など、万が一の時に役立ちます。

ただ、それ以前の問題で、呼び戻しなどできるはずがないと思っている方も多いようです。

飼っているオカメインコの名前を呼んでもちっとも反応してくれない、あるいは、呼ばれていることはわかっているみたいだけれども、かえって逃げてしまうといったケースです。

なぜ、愛鳥は呼んでも戻って来ないのでしょうか。

まず、名前で呼んでもまったくの無反応である場合、愛鳥への声かけの頻度が少なすぎるということが考えられます。

「○○、ごはんですよ」、「○○ちゃん、

一緒に遊ぼう」、「○○ちゃん、今日もイイコね」と、情感たっぷりに名前で頻繁に呼びかけを行うようにしましょう。

「飼い主さんに呼ばれた時には嬉しいことや楽しいことがある」と、愛鳥が思ってくれたら、呼び戻しができるようになるのも時間の問題です。

愛鳥を名前で呼ぶと、むしろ逃げてしまうという場合は、愛鳥の名前を呼ぶタイミングを見直すことからはじめましょう。

「こら！ ○○ちゃん！」、「ダメ！ ○○」などと、オカメインコを叱る時やケージに入れようと追いかける時ばかり、名前を連呼してはいませんか。

そうなると、「自分の名前→悪いことが起こる→逃げるべき」という図式が愛鳥の中で定着してしまい、自分の名前はわかっていたとしても、飼い主さんが呼ぶ声は聞こえなかったことにするか、とりあえず逃げるようになってしまいます。

要するに、愛鳥にとって楽しくない話の時には、名前ではなく、「ダメ」、「いけない」と、端的に伝えたほうが、わかりやすく効果的であるようです。

名前を呼んで愛鳥が自分のもとに飛んできたら、大げさなくらいわかりやすく褒めてご褒美(おやつ)を与えましょう。

これを繰り返し、「呼ばれた時に飼い主さんのもとに行けば良いことがある」と愛鳥が学習すれば、おやつを用いなくても、やがてオカメインコ自身の意思で、呼ばれたら飛んで来るようになります。

モノマネや芸を教える

オカメインコには、簡単なモノマネや芸を教えることもできます。

輪投げやダンクシュートなど、バード・トイを使った芸を教えたいのであれば、まず、いろいろな物に触れさせて、おもちゃに対する恐怖心を取り除くことからはじめましょう。

時期としては、なるべく幼いうちからがベストです。完全に成鳥になってしまってからおもちゃで遊ばせようと考えても、見慣れぬ物には警戒するようになり、怖がって手や肩から降りようとしないということもあるからです。

それと、せっかく購入したのだからと、目

の前のおもちゃを怖がっているオカメインコに、無理に遊ばせようとしないほうが賢明です。無理に気を引こうとして、おもちゃを押し付けると、興味を持つどころか、さらに恐怖心を植え付けてしまいます。

新しいおもちゃは、オカメインコのお気に入りの場所におやつと共に、なるべくさりげなく置いておきましょう。

また、一度にたくさんの芸を覚えさせようとするのはよくありません。アレやコレやと教えると愛鳥も混乱し、覚えるまで時間が余計にかかる上、完成度も低くなってしまうからです。

教える芸は 一つに絞り、飼い主自身がおもちゃや教えることを楽しみつつ、集中的に遊びながらトレーニングするのが一番です。

上手に出来たらいっぱい褒めて、ご褒美を与えましょう。芸を覚え、それを定着させるためのよい動機づけになります。

モノマネに関しては、おしゃべりはあまり得意ではないオカメインコが多いようです。そうはいっても、名前やあいさつなど、短いことばであれば覚えることも多いので、積極的に話しかけたいものです。無口な飼い主さんの鳥は言葉を聞く機会がそもそも少ないので、覚えようにもうまくいかないものです。

オカメインコにとって口笛のモノマネは言葉より覚えやすいようです。根気よく教えれば、長めの曲もマスターします。

メスも覚えますが、メスよりはオスのほうがモノマネに積極的であり、上手な傾向があります。

最後に、オカメインコにとっての芸やモノマネのモチベーションとは、ご褒美はおまけで、「飼い主さんを理解したい」、「飼い主さんともっともっと近づきたい」、という思いにほかなりません。ですから、日ごろからのコミュニケーションが、成功の鍵となります。

COLUMN

バード・トイを手作りしてみよう

毎日「何か楽しいことはないかな」と、好奇心いっぱいのオカメインコのために、身近な材料を使い自由な発想で、世界にひとつのバード・トイを作ってみませんか。

材料として使えるもの〈自然素材〉

＊ 木の枝やツタ

（毒性がなく薬品や肥料のかかっていないもの）

＊ 牧草・イグサ（小動物用に売っている）

＊ 粟穂

＊ ヘチマや牛皮

（犬用おもちゃとして売っている）

＊ ビーズやボタン

（インコが飲み込めない大きなサイズ）

＊ かまぼこの板などの木材

おもちゃを固定するもの

＊ 麻紐、紙紐、コットンロープ、丸カンなどの留め具

小鳥のおもちゃには使えないもの

＊ ガラス製品

＊ 鉛・金属製品

＊ ホルムアルデヒドの含まれる接着剤

＊ ビニール紐、袋などのビニール製品

＊ ゴム製品

＊ 口に入ってしまう小部品

＊ 塗装が剥がれやすいもの

＊ 有害性のある木の枝など

（サクラやアジサイ、イチョウなど）

＊ 長すぎる、あるいは絡まりやすい紐

材料を決める際の注意点

口に入った場合に有害なもの、硬い木片や貝殻など割れて刺さりやすいもの

は危険です。また、オカメインコが飲み込めるサイズのものは窒息の恐れがありますので使用できません。

そして安全のため、基本的には接着剤を用いずに作りたいところですが、どうしても必要という場合は、毒性のないホットメルト接着剤を用いましょう。作業中には火傷に注意し、オカメインコのクチバシが届かない部分に使う程度に留めましょう。（※毒性はなくても誤飲の恐れはあります）

使う材料が決まったら、尖った部分やささくれ、折れやすくなっている部分はないか、両方の掌を使い、まんべんなく表裏を触って安全を確認します。

完成したおもちゃをチェック

＊ 頭部や足を入れた時に抜けなくなるような隙間はないか
＊ 先端になる部分などに、ケガをするような鋭利な部分はないか
＊ すんなり口に入ってしまうような小部品を使っていないか
＊ 小鳥に害のある塗料や薬品などを使用していないか、etc……。

壊れてしまったら

壊れたおもちゃは思わぬ事故の原因になりますので、すぐに捨てるか、安全に問題がないよう修理してから再利用します。

ダメージの具合がちょっとしたものであれば、飼い主さんの目が届くケージの外にいる放鳥時に遊ばせてもよいでしょう。

材料に紙を使う時の注意点

段ボールやトイレットペーパーの芯などの紙は、材料としては扱いやすいのですが、齧って遊んでいるうちに誤飲してしまう危険性がないとも言い切れません。紙類も万が一、飲み込んでしまった場合には窒息や腸閉塞になる恐れがあります。

使用して大丈夫かどうかは、愛鳥の日ごろの行動や性格も考慮に入れた上で、慎重に判断したいところです。

色をつけたい

マーカーなどの油性インクは揮発性有機溶剤が用いられているため、ごく微量なら問題ないかもしれませんが、あまりお薦めできません。

ペンキ類も油性ペンキは有害で、水性ペンキの場合も、クチバシでカリカリと剥がして飲みこんでしまう恐れがあります。ペンキ類は使わないでおきましょう。

カラフルなものにしたいなら、アクリルなどの素材に色がついた素材や、食品衛生法に従って作られた顔料を使って彩りにすることは可能です。

アイデア次第で大変身！
身近な物をリサイクルして作る　手作りバード・トイ

リース台で作る簡単ブランコ

よく乾燥させたリース台(キウィや葛などの蔦)を造花で飾り、紐で吊るしただけのハンギングタイプのブランコです。

オカメインコが乗った状態になってもひっくり返ることのないよう、バランスをとるのがコツ。

アイスのスプーンもおもちゃに

カップアイスを買った時についてくる木の簡易スプーンをおもちゃに変身。キリや目打ちで穴をあけて麻紐を、チェーンリングやボタン、ビーズと一緒に通しただけ。

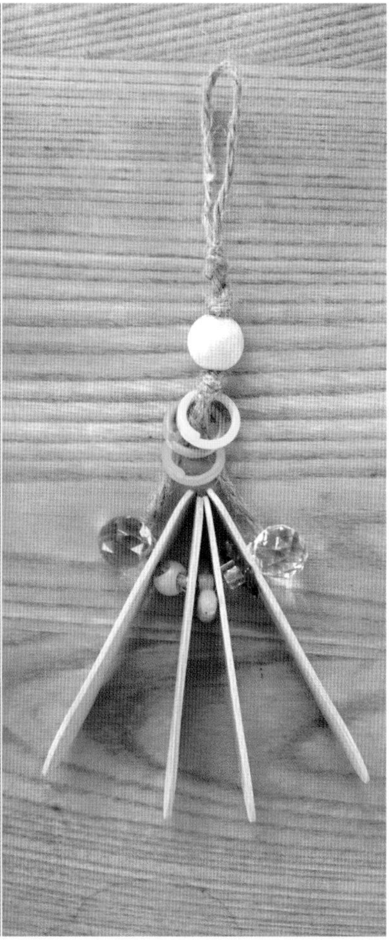

コーティングワイヤーを使った粟穂ホルダー

コーティングされたワイヤーの上からビーズを通した紙紐を巻きつけただけの粟穂ホルダー。

ウッドビーズと麻紐のおもちゃ

ここではヨーロッパの安全基準(CE)をクリアしたウッドビーズを使いました。麻紐は縛ってから先を割いてほうき状に。

スプリングヘアゴムとブレスレットで作るリングトイ

コイル状のスプリングヘアゴムとアクリル製のブレスレットをプラスティック製のカードリングやチェーンリングで繋いだもの。

手づくりバード・トイ　使用上の注意

オカメインコが万が一、おもちゃにからだの一部を引っ掛けてしまい、暴れるようなことがあれば、すぐに外してください。

また、工業製品ではありませんから、壊れやすいのは仕方がありません。壊れないように頑丈に作ることは大切ですが、その点ばかりにこだわってしまうと、かえって外れるべき時に外れないというような事故が起こった時に危険でもあります。

むしろ、どんな風に愛鳥のオカメインコが遊ぶと思われるか、そして、もし壊れた時には、どんな場所からどんな風に壊れるのか、また、壊れたそのおもちゃをオカメインコがどうイタズラしてしまうのかまでを想定した上で、事故が起きない安全なおもちゃを作りましょう。

PERFECT PET OWNER'S GUIDES

Chapter 7

飼育上のトラブル

オカメインコの脱走防止対策

他のコンパニオンバード同様、オカメインコも逃げて迷い鳥になってしまったというハプニングがあとを絶ちません。

特に春先は、季節の風物詩のように頻繁に飼い鳥の逸走を耳にします。

言うまでもありませんが、オカメインコは立派な翼を持った鳥の仲間です。

窓やドアが大きく開いていなくても、ほんの少しの隙間さえあれば、そこから大空へと羽ばたいてしまう生き物であることを忘れてはいけません。

オカメインコの逸走・脱走を防止するには、飼い主さんのみならず、家族全員に協力を仰ぎましょう。

脱走防止のための知恵

窓際はカーテンやシャッターで暗くしておく

鳥たちは、明るい方角に向かって飛び立とうとします。放鳥する際には、窓はカーテンをひいておくか雨戸のシャッターを下ろしておく、愛鳥に行って欲しくない部屋は照明を落としておくなどして、あらかじめ薄暗くしておきましょう。

逸走・脱走の防止になるだけでなく、迷子や窓への激突事故も防ぐことができます。

日ごろからケージの点検を

ケージの金網部分と底のプラスティック受け部分の留め具が緩んでいたり、経年劣化してプラスティックの留め具がちぎれてしま

い、底が抜けて愛鳥が逃げてしまったり、という話をよく耳にすることがあります。ケージに問題が起こっていないか、定期的に点検しましょう。（交換用のパーツをオプション販売しているケージメーカーもあります）

扉は留め具で逸走防止

少し面倒ではありますが、ナスカン等でケージの扉を日ごろからロックしておきましょう。

洗濯バサミで扉を軽く挟んでおくだけだと、オカメインコが器用にずらして外してしまうことがあります。

扉の出口がクチバシの届きづらいところ（エサ箱や水入れの裏側等）に配置されているケージや、別売りでケージを留めるための金具も発売されています。そういったものを上手に活用するとよいでしょう。

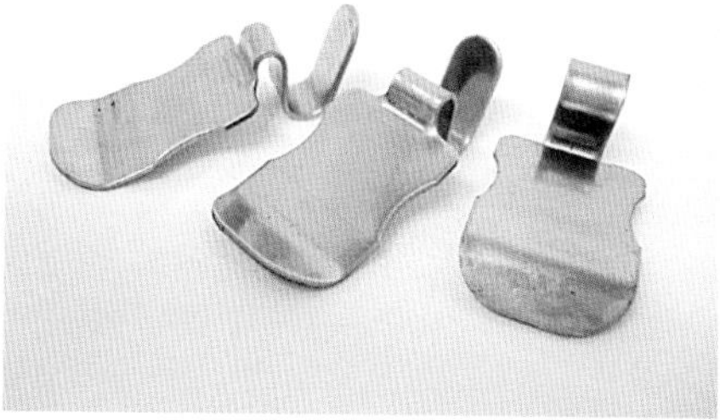

クリッピングを過信しない

愛鳥の風切羽をクリッピングしてあっても鳥類の羽は定期的に生え変わりますから、気づいたら飛べるようになっていて、逃がしてしまったという話もよくある話です。羽をカットしたからといって、過信は禁物です。

歩いて外に出ていくこともある

オカメインコといえば飛んで逃げてしまうイメージが強いですが、コンパニオンバードとして暮らすオカメインコの場合、扉の隙間を抜けるようにしてトコトコと歩いて出ていってしまうこともあります。足元や天井など目の行き届かない所にあるほんの小さな隙間にも油断大敵です。

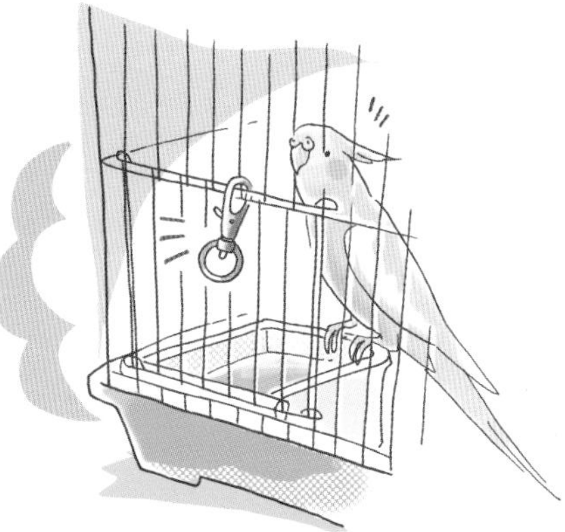

愛鳥を脱走事故から守りましょう。

愛鳥を逃がさないための心得

- ケージの外に出す時は、家族全員に声をかけること。
- 放鳥中は愛鳥から目を離さないこと。
- ケージの扉を開けて愛鳥のお世話をする時は必ず、窓やドアは閉めておくこと。
- すべての窓は網戸を基本とし、窓やドアを開け放った状態のままにしないこと。
- 目を離さなくてはいけない用事ができた時は、必ず愛鳥をケージの中に戻すこと。

逃がしてしまった時の対応

日ごろから逃がさないよう気を付けていたとしても、ほんの一瞬の不注意をついて、オカメインコがあっけなく家から出て行ってしまうこともあります。

そんな時に慌て、愛鳥がかえって戻らなくなってしまうようなことのないよう、万が一の対処について考えてみましょう。

家を飛び出した オカメインコの向かう先

オカメインコが飛び出すシチュエーションにもよりますが、何かに驚いてパニックのように外に飛び出してしまった場合、思いのほか遠くまで行ってしまうことがあります。

オカメインコの飛翔能力というのは、わたしたち飼い主の想像をはるかに超えるものです。

一度気流に乗ってしまうと、ちょっとそこまでのつもりが、ものの数分であっという間に数km先までワープしてしまうこともあります。

実際、さし餌が終わって間もないオカメインコの中雛が、およそ4kmも先の高層マンションの上階で保護されたこともあります。

その一方で、窓が開いていたから、とりあえず家を出てはみたものの、身近なところでお迎えを待っているような飼い鳥もいます。

窓の上の雨どいやベランダの手すり、目の前の電線、屋根などに止まっていないか、よく探してみましょう。ほかには、サッシの隙間や、戸袋に身を隠していたという事例もありますので、愛鳥の脱走に慌てた末、勢いあまって挟んでしまうことのないよう、窓やサッシの開閉には、細心の注意を払う必要があります。

手乗り鳥の場合、たまたま外を歩いていた人の頭や肩に飛び込むようにして乗ってくることもあります。

まずは家の周りでオカメインコの名前を呼びつつ、くまなく探しまわってみることからはじめてみましょう。

オカメインコを脅かす存在

家を勢いで飛び出してしまったオカメインコを脅かす存在、それは自動車やバイク、カラスやネコ、ヘビ、etc……。ほかにもいろいろ考えられます。

寒い季節には凍えてしまって動けなくなってしまったところをネコやカラスに襲われてしまいがちです。あるいは、野鳥ではないので、食餌を見つけることができないまま、衰弱死してしまうこともあるでしょう。

特にルチノーやアルビノなど、羽色が薄い個体は目立つため、捕食者に狙われやすい傾向があるといえます。

迷い鳥を見つけるための方策

まずは警察に遺失物として届けましょう。

保護されて警察に届け出があった迷い鳥は、警察のホームページで検索することができます。いつまでも飼い主が見つからないままだと、保護されたとしても、その後、最悪の場合、処分の対象になることもあるので、届出は早めに行いたいものです。

また、保護した人も連絡を受けた警察署の署員も、鳥に詳しい人ばかりとは限りません。遺失物として届けられたオカメインコの特徴は、見当違いな鳥種や推定年齢が書かれていることも少なくありませんので、少しでも愛鳥の可能性がある場合は、実際に見に行くことをお勧めします。

他にも自治体の動物愛護センターや保健所のホームページに収容動物として掲載されていることもあります。

迷い鳥の貼り紙

ベーシックな捜索手段として迷い鳥の貼り紙があります。

近隣の住人やインターネットを使わない世代にも目にしてもらうことができます。

オカメインコの場合、遠くまで飛んでいっていることも少なくないので、ご近所だけではなく、隣町など範囲は広めにします。

迷い鳥の貼り紙は、動物病院やペットショップ、地域の掲示板などをフル活用させてもらいましょう。

また、愛鳥家のネットワークも侮れません。WEBの迷い鳥保護掲示板にも、かならず書き込んでおくことをお薦めします。

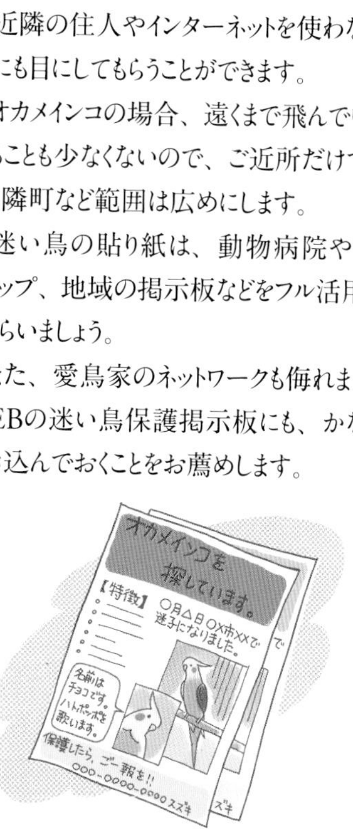

問題行動（呼び鳴き・咬みつき）

穏やかなことで知られるオカメインコたちも問題行動をとることがあります。

むしろ、繊細なインコであるだけに、ストレスに耐えきれず、問題行動に繋がりやすいところもあるのかもしれません。その原因と対応について考えてみましょう。

オカメインコが問題行動で飼い主に伝えたいこと

呼び鳴きで呼ばれて、うるさいとぼやきつつも、無条件に反応してケージまで行っていたら、オカメインコの側にしつけられてしまっているのと同然です。

咬みつきや呼び鳴きにも理由があり、インコの側からすれば、それらは言葉が通じない相手に自分の意思を伝えるための自己主張のひとつでもあります。

それを自分に都合のよくない行為だからといって無視し続けると、オカメインコもやがていじけてしまうことでしょう。

できる範囲で応答する

例えば、呼び鳴きが激しくて困ってしまうというのなら、ちょっとしたモノマネ（口笛やかんたんな挨拶など）を教えてみるというのもひとつの手です。

愛鳥が呼び鳴きをしてきたら、こちら側もオカメインコに教えていたモノマネで返します。はじめは驚いて黙り込んでしまうかもしれませんが、慣れてくると喜んでモノマネで返事を返してくれるようになります。

なぜここでモノマネで返事を教えるほうが良いかというと、モノマネであれば、難しいので、ご近所迷惑になるほどの声のボリュームは出ないはずですし、飼い主さん自身もオカメインコと離れた場所からコンタクトコールを楽しめるようになるからです。

やって欲しくないことは教える

では、咬みつきに関してはどうでしょうか。咬みつきの理由としては、オカメインコがイヤなことであることを伝えたい時や、遊びがエスカレートしてしまい、興奮が極まって咬みついてしまうことなどが考えられます。

それ以外にも、ヒナの早い段階で親鳥やきょうだい鳥から離されたオカメインコは、スキンシップが欠けた状態で育ちます。それが原因でコミュニケーションスキルが足りず、イヤなことがあったり機嫌が悪いといったことだけで、直情的に咬みつく個体もいます。「ここまではOK（甘咬み）」、「ここからはNG（咬みつき）」の境界線を学んできていないのですから教えなくてはいけません。

咬みつきに関しても呼び鳴きと同様で、完全な無視はよくないのですが、かといって、咬みつきに対して痛い痛い!! と、オーバーなリアクションで返すのは、大人げないですし、愛鳥の視点で考えると、かえって面白がられてしまう恐れがあります。

もし愛鳥が咬みついてきたら、即座にケージに戻すことを繰り返しましょう。

そのうち、「咬むと自分にとってつまらないことが起こる」ことに気づいてくれるはずです。

ただ、咬みつき行動の背景には、オカメインコなりの咬む理由があるはずです。咬みつき癖を直したいのであれば、咬む理由を探るとともに、強く咬むまで放置せず、また、咬むサインを見逃さず、原因があるならそれを取り除き、「咬ませないようにすること」のほうが大切です。

無視はNG

体罰がNGの場合、どうやってこちらのネガティブな気持ちを伝えたらよいでしょうか。

無視はたしかにそれなりの効果があります。しかしそれ以上に、オカメインコの繊細な気持ちを傷つけてしまう恐れがあります。

例えば呼び鳴きひとつとっても、オカメインコが群れで暮らしていた名残りであり、生まれつきの習性でもあります。

愛鳥が自分を呼ぶ声がうるさい・うっとうしいからといって、無視を続けていたら、オカメインコとしては「呼んでも無視される＝飼い主は自分には興味はない」と考えて、やがてコミュニケーションをとろうとすることを諦めてしまいます。飼い主に対して失望してしまった状態です。こうなってしまうと関係の修復には時間がかかってしまいます。

問題行動（過剰な発情）

野生のオカメインコたちは、日ごろはたいへん厳しい自然の中で生息しているため、発情して卵を産み、ヒナを育てるのは年に一回程度のようです。

言いかえると、年に一度程度しかヒナを産み育てるチャンスがないということです。

その一方、飼育下にあるオカメインコたちはどうでしょうか。

常にエサは潤沢に用意されており、寒すぎず、暑すぎずの環境も整っていますから、準備はいつでもOK、「さて、営巣でもはじめようか」と、発情をしやすい状況にあるといえるのではないでしょうか。

さらに手乗り鳥の場合、事態は深刻です。飼育者やその家族とのふれあいが頻繁にあればあるほど、発情を誘発するきっかけは多くなってしまいます。

野生下のオカメインコたちは、繁殖が可能な状況が整うとつがいを形成し、パートナーと密接に羽繕いをはじめるようになります。

それによって発情のスイッチが入り、自然に交尾→産卵→抱卵→育雛という流れに至ります。

手乗り鳥として生きるオカメインコたちは、頭部だけでなく、全身をヒトに触れられる機会が頻繁にあるといえます。

そういった過度なスキンシップもまた、過剰な発情を促す要因になっています。

発情過多による問題点

メスの場合

- 発情を契機に攻撃的になり、欲求が満たされないと、毛引き症等の原因になることもある。
- 過剰な発情による産卵を繰り返すと、卵詰まりや、カルシウム欠乏症、総排泄腔脱等を引き起こす恐れがある、など。

オスの場合

- 過剰な発情により攻撃的になる上、欲求が満たされないと、毛引き症等を引き起こすことがある。
- 交尾行動を繰り返すことで総排泄腔の周囲が出血しやすくなる。
- 慢性的な過発情により、精巣がヒートした状態が続き、腫瘍ができやすくなる、など。

過剰な発情を抑制するためにできること

オカメインコの場合、年に一、二回の発情は生理的なものですが、それ以上、頻繁に発情が継続しているとなると、先に書いた通り、健康上、さまざまな問題が起こります。

愛鳥に長生きをしてもらいたいなら、むやみに発情させないに越したことはありません。そこで、食餌や環境など頻繁な発情を抑えるためにできることを考えてみましょう。

高カロリー・高脂肪の食餌は控える

主食であるペレットやシード以外に、脂肪分の高いナッツや糖分が高いフルーツを頻繁に与えてしまうと、オカメインコはたちまち肥満になってしまいます。

肥満は発情の原因のひとつになりますので、主食や必要な副食以外のおやつは極力、控えましょう。

日照時間を短めにする

人と暮らしているオカメインコは、どうしても明るい場所にいる時間が長くなりがちです。長すぎる日照時間は、インコの発情の周期を狂わせる恐れがあります。

飼育環境は、日の入りとともに暗くするのが理想です。それ以外の時間は遮光性の高い布でできたカバーをかけて、暗く静かな時間を設けて充分休ませましょう。

季節のうつろいを大切に

飼育環境の空調管理も大切ですが、過保護すぎるのは問題です。

オカメインコもあたたかい季節に発情しやすくなります。保温のし過ぎには気を付けて、冬は冬らしく、オカメインコが膨羽しない程度を目安に加温しましょう。

頭部以外のからだに頻繁に触れない

インコのボディへのむやみな接触は、発情を促してしまいます。

オカメインコ自体は、喜んで触らせてくれるかもしれませんが、それが愛鳥の寿命を縮めてしまう原因にもなるので注意しましょう。

問題行動（オカメパニック）

オカメインコは、気が小さく臆病な性質だとよくいわれます。

ここでは実際にあったオカメインコのその繊細さをよく表すようなエピソードをいくつかご紹介しましょう。

光にパニック

プロカメラマンがオカメインコの撮影をしていたところ、焚いたフラッシュに驚き、心臓発作を起こして亡くなってしまったという事故がありました。

そのオカメインコは、手乗りとして育てられてきた鳥ではなく、ブリーディング用でふだんはバックヤードにいる親鳥でした。見慣れない場所で見慣れないスタッフに囲まれ、フラッシュという閃光に衝撃を受けた末の痛ましい事故でした。

音にパニック

家族のほとんどが出かけてしまい、家の中がシーンと静まりかえった昼下がりのこと。「カタン」と、ケージのそばにあったダイニングテーブルから、ペンがフローリングの床に落ちたとたん、その音に驚いたオカメインコがパニックに。

狭いケージの中で暴れ回ったそのオカメインコは、翼の風切羽が抜けおちた上、ケージや飼育用品にぶつけた際に折れてしまった羽軸から多量の出血もあり、病院で処置を受けました。

振動にパニック

東日本大地震の後、ある小鳥の病院に

運ばれてきたコンパニオンバードは、圧倒的にオカメインコの数が多かったそうです。

また、あるオカメインコは、地震の揺れによるパニックで暴れた際に、翼をケージの金網に引っかけてしまい、さらにパニックに陥り暴れてしまったことから、翼を骨折してしまいました。

物に触れてパニック

小鳥用のおもちゃを、ケージの天井部からぶら下げていたところ、夜、眠りにつこうとまどろんでいたオカメインコの背中のあたりにそのおもちゃが触れて外れてしまい、パニックを起こして止まり木から落下。

止まり木の下に潜り込んだような形で、なおも激しくそのオカメインコがもがき苦しんでいたため、飼い主はケージから出し、小ぶりのキャリーケースに入れて落ち着かせようとしました。すると、さらに狭いケースの中でパニックを起こして暴れ、肩から出血、翼も脱臼してしまいました。

天敵が見えてパニック

ある日、異様な叫び声をあげてケージの中で暴れているオカメインコを飼い主が発見。

飼い主の登場にもパニックは収まる気配はなく、原因は何かとケージの置いてある窓の外に目を向けてみると、そこには野良猫がいて、庭の塀の上から、オカメインコのほうを凝視していました。

オカメパニックの予防

ここであげた事例からもわかるように、どれだけ落ち着いた静かな環境でオカメインコを飼育していたとしても、オカメパニックを完全に避けることは難しいといえます。

オカメインコを驚かさないようにするためには、静かすぎる環境もよくないようです。

展示会等にオカメインコを出している愛鳥家の中には、禽舎には豆電球をつけて、完全な暗闇を作らないようにしたり、夜間もラジオを小さく流しておいたりすることで、パニックを防いでいるという飼い主さんもいます。

また、ちょっとしたパニックが大きな事故にならないようにするためには、ケージの中をすっきりとさせておくことも重要です。

狭い空間にごちゃごちゃとおもちゃなどがあると、パニックで暴れた際にオカメインコが二次的にケガを負いやすくなるからです。

そして、パニックを起こしてしまった時には、飼い主さん自身が慌てないこと。こちらがただならぬ様子で騒いでしまうと、かえって愛鳥を興奮させてしまうことになりかねません。

優しく「大丈夫だよ」とパニック状態にあるオカメインコに声をかけ、手乗りであればケージから出して落ち着かせるようにしましょう。

COLUMN

ベタ馴れインコへの道

最愛のオカメインコにとって、最高の親友、あるいはパートナーになるために、オカメインコのガラスのハートをしっかり理解し、受け止めましょう。

インコはイイコ？

動画投稿サイトに登場するような芸達者で甘えん坊なオカメインコに憧れて、深遠なるオカメインコの世界に足を踏み入れる方も多いことでしょう。

せっせとダンクシュートを決めるオカメインコや、饒舌におしゃべりするオカメインコ。その芸の達者さは、まるでオカメの皮をかぶった人間のよう。

そんなオカメインコたちにとって、いったい何が芸のモチベーションになっているのか、考えたことはありますか。

稀有な頭脳と才能を持つ天才オカメインコなのでしょうか？　内心はただ、飼い主と仲良くなりたい一心なのではないでしょうか。

小さな子どもと友達になる感覚

オカメインコともっと仲良くなりたいなら、幼児と友達になるくらいの距離感をもっておつきあいをすると、案外うまくいくかもしれません。

例えば、オカメインコが興味のありそうなおもちゃを使って、彼らの前でこれ見よがしに「わぁ、これすごい面白いおもちゃだ♪」など、少しおおげさなくらいのリアクションで、自ら嬉々として遊んでみせるのです。

特に若いオカメインコは、好奇心の塊ですので、初めは遠巻きにしていても、そのおもちゃのことが気になりはじめているはずです。

押してダメなら引いてみる

オカメインコに芸を教えたいなら、教

育ママになって執拗に練習を繰り返すのは厳禁です。

やりたくないこと、興味のないことを他人から強要されると、オカメインコもイライラが募り、やがては逃げ出すようになってしまいます。

そんな時は逆転の発想で、まったく愛鳥に対して関心のないそぶりを見せるのも効果的です。

自分ひとりで、あるいは家族と仲良く遊んで、オカメインコが寄ってきても、軽く知らん顔を決め込んで、夢中で遊んでみせます。それを見たオカメインコは、家族と一緒に遊びたくて、物を落としたり、鳴いて呼びかけたりと、こちらの気を引こうとやっきになるはずです。

そうなったらチャンス到来です。言葉や芸を遊びとして楽しみながら、オカメインコに教えていきます。

細かいルールを教えるにも、おやつがあれば手っ取り早いですが、あなたの喜ぶ顔が見たくて、オカメインコも頑張ってくれることでしょう。

呼び鳴きも遊びの一環にとりいれて

うちのオカメインコはヒマさえあれば呼び鳴きをしてばかりいるので落ち着かない、と訴える飼い主さんの中には、無視をし続けているけれども呼び鳴きがおさまらないと悩んでいる人も少なくないようです。

呼び鳴きは、その名の通り、愛鳥が仲間を求めて呼ぶ鳴き声に他なりません。無視ではなく、ぜひその声に応えることからはじめましょう。

「コンタクトコール」といって、鳥たちが仲間同士で呼び合い、コミュニケーションをはかるという習性を自分と愛鳥との関係にも利用するのです。

愛鳥に「ピューイ!」と呼ばれたら、一言、声を掛け返しましょう。

ヒトと同様にオカメインコとのコミュニケーションの第一歩も「あいさつ」です。

そうしてまず心の距離を縮め、さらに愛鳥の気持ちを考える習慣をつけましょう。

そうやって愛鳥の気持ちに寄り添うようにしつつ、自分の嬉しい気持ち、残念な気持ちを、オカメインコから見て、わかりやすく伝えることができれば、愛鳥と誰もが羨む相思相愛の仲になれるはずです。

Chapter 8

巣引き

巣引き

巣引き（鳥のブリーディング）はコンパニオンバードを飼う醍醐味のひとつです。愛鳥が卵を産み、抱卵し、懸命にヒナを育て上げていく感動的な姿は、見る者に深い感動を与えてくれます。

ただ、野鳥ではありませんから、生まれてきたヒナたちは、勝手に親鳥のもとを巣立っていくことはありません。生まれてくる新たな命に対して、飼い主が全責任を負うことになります。巣引きは慎重かつ計画的に行いたいものです。

巣引きを行う前に考えておきたいこと

巣引きを行う前に、いくつか考えておくべきことがあります。

親鳥の体調も考慮に

親鳥たちは自分の身を削るようにして、産卵し、卵を温め、ヒナを育てあげます。その作業は、まさに命がけです。巣箱をケージの中にかけっぱなしにして、つがいの繁殖行動を制限しないままにしておくと、エサに不自由しない飼育下においては、一年に何度も産卵し、親鳥の寿命を縮めてしまうことになりかねません。

巣引きは春か秋、多くても年に二回までとし、ペア鳥の健康状態にも配慮した上で、計画的に行いましょう。

親鳥が育雛放棄するリスク

卵から孵ったヒナの中には、生まれつき、からだの弱い個体もいます。また、孵化した

すべてのヒナが、親鳥のもとで健康に申し分なく育つとも限りません。

ヒナが重い障害や病気を持って生まれてくることもありますし、中には健康的には問題がないヒナでも、何らかの事情で育てることを途中で放棄してしまう親鳥もいます。

もし、親鳥がヒナの育雛を放棄してしまったら、親鳥に代わって、その飼育者が産まれたばかりのヒナの世話を24時間体制で行わなくてはならなくなることもあります。

飼育数の増加に伴う負担

卵から孵ったヒナたちはあっという間に巣立ちの時を迎えます。

近親交配を避けるため、たとえ親鳥やきょうだい鳥であろうと、オスとメスのケージは早めに分けましょう。

また、飼育するオカメインコの数が増えれば、エサの量もインコの数だけ増える上、新たにケージを置くスペースも必要になります。また、鳥の数だけ感染症のリスクも高まるといえるでしょう。

ヒナの里親探し

ヒナをいずれ手放すことを前提に巣引きするのであれば、生後2週から3週のあいだに巣箱からヒナを取り出して、人工飼育でさし餌をして育てます。

さし餌が必要のなくなる時期までヒナを親鳥にまかせっきりにしてしまうと、人の手を怖がるようになり、手乗りとしては不向きな若鳥に育ってしまう恐れがあるからです。

また、友人や知人のつてで、ヒナの貰い手がすでに見つかっているのであれば問題ありませんが、生まれたヒナの数だけ、信用できる里親を探しだすのは容易なことではありません。

愛鳥家たちが集うインターネット上の譲渡

掲示板を利用するケースも増えていますが、心無い投稿者の存在や、里親詐欺等のリスクがあります。

基本的にヒナを含む動物の営利目的の有償譲渡は、動物愛護管理法で動物取扱業者以外の取引を禁止しています。今までかかったエサ代や健康診断代も里親に請求することはできません。

有償での譲渡を行いたいのなら、動物取扱業の登録を済ませる必要があります。

かけ合わせNGの組み合わせも

興味本位で好みの羽色を作出しようとして、望まれない命が生まれてしまうのは、あってはならないことです。巣引きによって目的の品種を作出したいなら、愛好家団体などに所属し、よく勉強してからにしましょう。

巣引きに適した個体

巣引きは親鳥にかかる負担も大きいため、からだが成熟した健康で若い(2〜4歳がベスト)親鳥で行います。

こんな鳥はNG

- 近親交配で生まれた
- 肥満気味
- 巣引き、産卵したばかり
- 繰り返し産卵や営巣に失敗している
- 遺伝性の疾患を持っている
- 未熟(1歳未満)
- 高齢(5歳以上)

手乗り鳥の巣引き

よくなついた手乗り鳥にとってのパートナーは、飼育者にほかなりません。そんな思いでいるオカメインコに対して、寂しいだろうからと急に異性の鳥を連れてきて、ペアになるよう促したとしても、はじめからうまくいくことは稀で、むしろ飼い主の寵愛を巡る恋敵になってしまう可能性もあるわけです。

そんなことから、ペアになるにも時間がかかる上、ヒトとの距離が近く、興味の対象がケージの外の世界に多々残っていたりすることなどから、手乗りのオカメインコの巣引きは、手乗りではない個体に比べると、少し難易度が高いといえるでしょう。

それを乗り越えて、運よく手乗りのオカメインコがペアになった場合、必然的に、今まで一心に向けられていた飼い主への興味・関心は、飼い主からつがいの相手へとシフトします。

そうなると、こんどは巣引きの成功率は上がりますが、今までのような手乗りらしさは期待できなくなります。

また、一羽で過ごしていた時期が長いと、発情の対象が人だけでなく、エサ入れやブランコ、止まり木といった「物」になってしまっているケースも少なくありません。

飼育用品が発情のスイッチになってしまっている場合、パートナーが見つかっても、巣引きが成功しないことがあります。

このように問題も多い手乗り鳥の巣引きですが、手乗りならではの良さも実はいくつかあります。

というのも、手乗りの小鳥たちは人に対する恐怖心が薄いので、巣箱を覗かれる恐怖心から、営巣を安易に放棄するようなことは少ないのです。

ヒナの育っていく様子をより間近にすることができます。

ペアでのお迎え

巣引きを楽しみたいなら、手乗り鳥より、もともと仲の良い若鳥のつがい(ペア)を専門店やブリーダーからお迎えするのが近道です。

ヒナを孵した経験がすでにあるペアを譲ってもらうと、飼い主が巣引き初体験だったとしても成功率は高くなります。

また、中には遺伝的に生まれてくるヒナのカラーや性別がわかる場合もあります。

巣引きの流れ

繁殖は春、または秋に

オカメインコは、条件さえあえばいつでも産卵が可能ですが、冬は卵を温め、ヒナを育てるには寒すぎますし、梅雨や夏の時期は、高温多湿で親鳥も体力が落ちている時である上、巣の中に雑菌が繁殖しやすい環境となります。巣引きは春か早秋の過ごしやすい時期に計画しましょう。

高脂肪食を与え発情を促す

巣引き時にはたくさんの栄養が必要です。交尾が確認できたら巣箱をかけ、いつも与えているエサに加え、エッグフードやペレット食の場合は繁殖期用タイプのものに切り替えます。

この時期、シードが主食のオカメインコには、ボレー粉やカトルボーン、青菜などのビタミン・ミネラル補給用の副食をすべて欠かさないようにします。また、ヒナが卵から孵ってからは、親鳥の数にプラスしてヒナの数だけエサの量を増します。これを怠ってしまうと、ヒナや親鳥が落鳥する恐れがあります。

ヒナ用人工飼料を用意しておく

無事に卵からヒナが孵ったとしても、巣引きがはじめてのペアや、神経質な親鳥の場合、ヒナの世話が上手にできない、あるいはまったく世話をしないことがあります。

そのままにしておくとヒナは餓死してしまいますので、親鳥からエサを貰っていないようであれば、巣箱からヒナを出してさし餌を開始することになります。ヒナの育雛用のパウダーフードとフードポンプをあらかじめ用意しておきましょう。

産卵

オカメインコは1日おきに1つずつ、3〜6個の卵を産卵します。抱卵期間はおよそ22日が目安となります。はじめの2〜3個を産み落とすまでは、親鳥が抱卵しないことがありますが、このように温めないことで孵化のタイミングを調整していると考えられています。

この期間中、メスがうずくまって苦しそうにしている様子があれば、卵秘（卵詰まり）を疑います。すみやかにメスだけ小ぶりのケースに隔離し、32℃前後まで加温します。これで数時間のうちに卵を産卵できればまた元気を取戻しますが、保温しても、産卵する気配がないまま苦しんでいるようであれば、命に危険がありますので動物病院で処置を受けさせましょう。正常な産卵のために、適切な保温に加え、カルシウムやビタミンDは特に欠かさないようにしましょう。

孵化

親鳥がそれまで交替で温めていた卵からヒナが孵ると、巣箱の中が慌ただしくなります。耳を澄ますとか弱いヒナの鳴き声がかすかに聞こえてきます。頻繁に巣箱を覗こうとすると、親鳥はヒナを守ろうと威嚇してきます。その抵抗も無駄だと思うと、ヒナを育てること自体を諦めてしまいます。そうならないよう、ケージの中は安心して親鳥たちが過ごせるよう、安静を心がけます。

親鳥がヒナの世話をしない時

ヒナが冷えて親鳥が世話をしない時は、ヒナを巣からいったん出し、手のひらでよく温めてから親鳥のもとにそっと戻してみます。すると、また世話を再開することがあります。

ヒナの成長

- **孵化後半日：**産毛の状態で目もまだ開い

ていない。

● **孵化後1週間：**翼に羽が生え始める。

● **孵化後2週間：**全身に筆毛が生え揃う。巣にまだ卵があれば取り除く。

● **孵化後3週間：**オカメインコらしくなってくる。手乗りにする場合は、一日に4回程度の回数で、さし餌を開始。

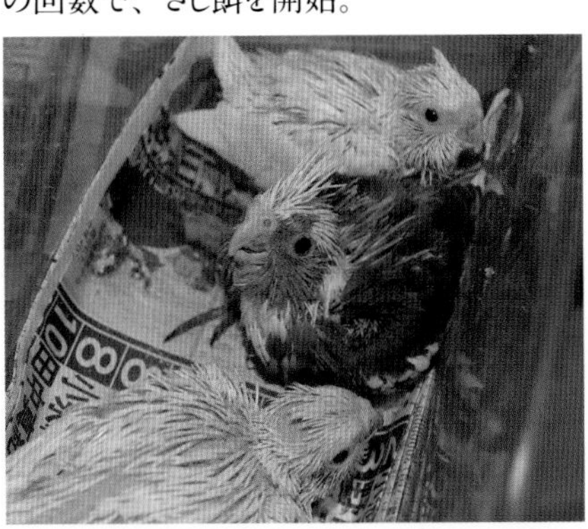

● **孵化後4週間：**ヒナが巣箱から顔を覗かせるようになる。

● **孵化後5〜6週間：**巣立ち。まだ出てこないヒナをそっと巣から出す。

巣立ちした中雛の食餌

巣立ちした直後の中雛は、親鳥から巣立ちを促進するために攻撃を受けることがあります。そのため、親鳥とはケージを分けて飼育します。巣立ち直後の中雛はもっともか弱い時期でもあるため、床の金網は外し、エサはエサ箱だけでなく、床にも撒いておき、きちんと拾って食べているか、フンもしているかをチェックすると同時に、体重が順調に増えているかも定期的に確認しましょう。心配であれば、一日1回のさし餌を二か月くらいまでは続けておけば安心です。

ヒナの人工保育、または人工育雛

オカメインコのヒナをよく馴れた手乗りとして育てたい時は、親鳥のもとからヒナを生後3週頃には離し、人工育雛を開始します。

それ以前は管理が難しいので、できるだけ親鳥に任せたいところです。

もし、親鳥の飼育放棄などが原因で、生後2週未満で人工育雛をしなくてはならない場合は、専用のインキュベーター(恒温保温ケース)があると安心です。

孵卵器の中で孵ったばかりのヒナ

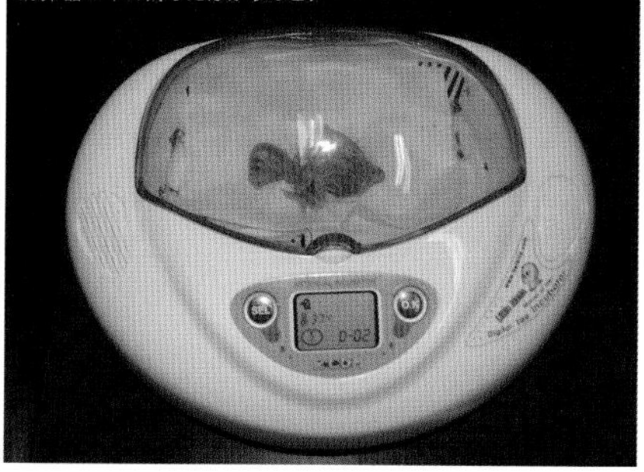

さし餌のしかた

基本はパウダーフード

雛鳥用総合栄養食(パウダーフード・フォーミュラー)を説明書の記載通りにお湯で溶いて、さし餌に用います。用いるお湯の温度や濃度も説明書に準じます。

熱湯でパウダーフードを溶くと、ビタミンが破壊されてしまう上、成分の一部がでんぷん(糊)化して、消化が難しくなり、食滞の原因になるので、必ず適温で溶きましょう。濃度をヒナの成長段階に合わせて、薄めから濃いめへと調整していきます。

お湯で溶く際には、さし餌がダマにならないよう、パウダーをマドラー等でしっかり溶かし、オカメインコの体温に近い、40〜42℃程度の適温で与えましょう。

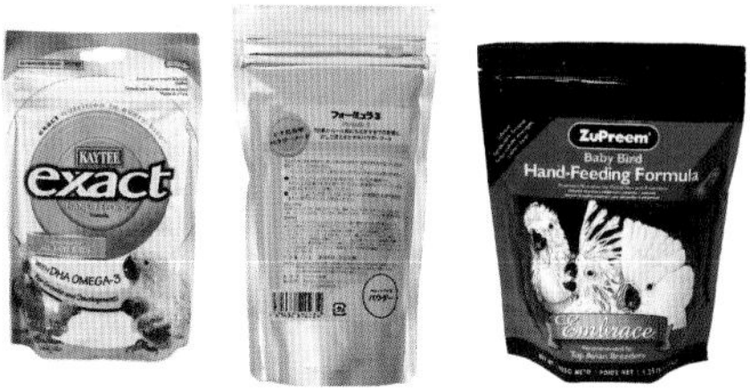

粟玉を合わせる場合

市販の粟玉(雛鳥用に殻なしの粟に卵黄等を合わせた飼料)は栄養が足りないので、オカメインコのヒナの主食としては不向きです。

総合ビタミン剤や青菜をすり潰したものを合わせて与える方法もありますが、手間がかかる上、パウダーフードに比べて保存がきかず、栄養バランスも難しいといえます。

ただ、ヒナを購入したブリーダーやショップで粟玉を与えていた場合、パウダーフードを拒むこともあるため、その場合はパウダーフードに加え、少しの粟玉を合わせて、さし餌を作り、味に慣らしていきます。

この際にパウダーフードに対して粟玉の比率が高くなりすぎると、ヒナが成長する上で必要な栄養が得られなくなる上、パウダーフードと粟玉の消化にかかる時間に差が生じ、かえって食滞の原因になるともいわれていますので、注意が必要です。

粟玉をパウダーフードに合わせる場合、パウダーフードとは別に、数分先に、60℃

以上の熱湯で粟玉をふやかしておきます。

しっかりふやかして、適温に冷ましたものをパウダーフードと合わせます。

熱湯で溶いてすぐにヒナに与えると、消化しづらいだけでなく、そのうが火傷する恐れがありますので気を付けましょう。

ヒナの週齢とお世話

生後2週以内のヒナ

羽毛も生え揃っていないため、高めの保温が欠かせません。

この時期のヒナを育てるには、豊富な経験と知識の双方が必要となります。

保温できる飼育ケースで育て、飼育環境は常に33℃ほどに保ちます。さし餌は薄め（ポタージュくらいの濃さ）からはじめます。スプーンから食べようとしない場合は、指先で上嘴を軽く上げて少しずつ流し込みます。

それがどうしてもうまくいかない場合、フードポンプ（チューブ）を用いて、そのうへ直接、さし餌を流し込みます。

回数はそのうの中の状態と相談しながら2〜3時間おきが基本です。もし、食の細いヒナであれば、それ以上の回数が必要になります。

そのうの中にさし餌がまだ残っているようであれば、かなり薄めたパウダーフードか湯冷ましをほんの少しスポイトで飲ませて、やさしく食道のあたりをマッサージし、消化を促します。

生後3〜4週間のヒナ

さし餌の回数は日の出から日の入りの間、一日に4〜5回です。そのうの中のフードがきちんと消化できているかを確認しつつ、毎回、熱湯消毒した器具で温かいヒナ専用のパウダーフードを流動食にして与えます。

飼育環境は30℃程度の保温を行います。この頃からかわいがって育てれば、人に慣れたたいへん良いコンパニオンバードになります。

ヒナを複数羽で育てると、互いの体温で温めあえるため、保温に有利です。

生後5〜6週間のヒナ

巣立ちを迎え、ひとり餌に移行しはじめる時期です。さし餌の回数は朝夕の1〜2回と回数的にはだいぶ減りますが、油断は大敵です。ひとり餌が始まるこの時期にはヒナの体重が減少してしまうこともあります。

親鳥から食餌を貰わなくなった時期の若鳥は、落鳥しやすい時期でもあるので、エサを自分で食べているか、保温もできているか確認します。

毎日、スキンシップを兼ねて遊んであげれば、よい手乗りになってくれる時期です。飛ぶ練習をはじめている時期ですので、窓の開閉には充分注意し、激突や落下事故に注意しましょう。

生後1〜2か月

さし餌の期間が長めであることもオカメインコの特徴です。

見た目は立派なオカメインコに成鳥しても、まださし餌を欲しがるようであれば、一日1回のさし餌は続けておくと安心ですし、より深い信頼関係で結ばれることでしょう。

ヒナと遊ぶのは生後一か月を過ぎてから

ヒナはヒトの赤ちゃんと同様、寝ることと食べることが仕事です。まだ遊ぶ心の余裕はありませんし、むやみに触ると体力を消耗し、弱ってしまいます。ヒナのうちはさし餌こそが最高のスキンシップでありコミュニケーションです。さし餌が終わったら、温かく、暗くして、ゆっくりと休ませましょう。

さし餌を食べようとしない場合

オカメインコは環境の変化に敏感です。飼育環境や飼育者の変化にも戸惑い、さし餌を食べようとしないことがあります。そんな時は、まずさし餌の温度が適切であるかを確認します。さし餌が冷めていると、食滞の原因になるだけでなく、食べようともしなくなります。

次にさし餌の濃度も適切であるか、説明でもう一度確認しましょう。

ヒナ自身の保温不足も食欲に影響します。

食べる量が少なくても、回数でカバーしていくうちに、お互いに慣れていくことも多いですが、絶食は危険です。心配なら鳥に慣れた獣医師のもとで、健康診断がてら、さし餌のコツを教わりましょう。

COLUMN

ブリーダーに訊く 巣引きの魅力

三塚 由美子さん

10年ほど前、「迷子になったオカメインコが、保護された先で住所を喋って無事飼い主さんのもとへ帰った。」というニュースがありました。それまでは「鳩にトサカが生えたような鳥」くらいにしか思っていなかったのですが、突然、興味が湧いてきて、これが「オカメインコ」を飼うきっかけになりました。

パソコンで情報収集していた際、あるブリーダーさんのホームページにたどりつき、そこにあったオカメインコの色があまりにも美しく、「これだ!」と思ってすぐに電話をかけました。あいにく売れてしまった後でしたが、値段が25万円と聞いてビックリ。残っていたところでとても買えません。それならばこの色を作ればいいと考えたのが繁殖のきっかけで、その美しい色の因子をもつ雛を一羽分けていただきました。

オカメインコが来たことを愛犬家のママ友たちに話しましたが、その反応は期待に反し「鳥って人にうつる病気をもってるんでしょ?」など、白けたものでした。

私はそれからオカメインコを飼っていることを口にしていません。その後、ママ友たちに「オカメインコはどうしてる?」、「本当は増えてるんでしょう?　そのうち腕にも肩にも頭にも止まるくらいいっぱいになるんじゃない?」と、からかわれていますが、今では、からだ全身を覆われ

ても余るくらいに増えていることは内緒です(笑)。

他言無用にしていた反動で、一日中ウェブサイトや専門書で画像をみたり、飼育や繁殖について書かれているブログを読みあさったり、オカメインコに耽溺しました。

遺伝のことや雛の育て方など、聞く仲間もいなかったので、実践あるのみでインターネットと本を頼りに試行錯誤を重ねて今の飼育スタイルにたどり着きました。その際、海外の美しいオカメインコをたくさん見たことが現在の繁殖にとても役に立っています。

私はオカメインコと並行して犬の繁殖もしていますが、犬界に「kennel blindness(ケネルブラインドネス)」という言葉があります。これは自分の繁殖犬を欠点のない最高評価とみなし、客観的な評価ができず、前進できないことをいいます。犬にはスタンダードといって、繁殖指針とするための犬種基準が定められており、スタンダードはその犬種の理想像とするものなので繁殖する上での「手引き」となります。ドッグショーはそれに沿って審査され、そこから大きくかけ離れると欠点とみなされるのです。

オカメインコにもこのスタンダードが存在しています。原産国のオーストラリアやアメリカでは冠羽から尾羽までどのような形状であるべきかスタンダードが定められていて、オカメインコショーが開催されています。

良いオカメインコを作るには骨格を知ることがポイントです。骨の長さや角度がその個体にとって適正であれば、羽ばたく姿は壮大で優雅なものであり、止まり木に止まった姿勢はまっすぐな背線と充分に膨らんだ胸部、翼はぴったりボディに密着して凛としたシルエットとなります。

肋骨から竜骨にかけての太い胴は、その中におさまる内臓を充分に発育させるスペースです。その内臓を正しい位置で支え機能を助けるのが筋肉です。鳥の筋肉は飛ぶことで発達しますので、飛べる環境を作ってあげることが大切だということがわかります。

からだのバランスが良ければ握力も強くなり、強い握力は正しい姿勢を保持するといった相互作用が起こります。美しいプロポーションと健全性はたいへん密接な関係にあるようです。

スタンダードと並んで繁殖に大きく影響を与えるのはブリーダーの「感性」だと感じているので、オカメインコに限らず多くの美しい生き物を見るように心がけています。

鳥に対しての正しい理解と、オカメファンシャーが増えることを願って、気品と愛嬌のあるオカメインコの作出に日夜、励んでいます。

ブリードの原点は
YFルチノー・ファロー

PERFECT PET OWNER'S GUIDES

Chapter 9

遺伝について

ヤマザキ動物看護大学教授　島森尚子

羽色の遺伝

遺伝のメカニズムを知ろう

鳥の羽色の遺伝はムズカシイ…とはいえ、あなたが「巣引き」、つまり繁殖へのチャレンジを考えているなら、遺伝について学ぶメリットは大いにあります。繁殖なんてしないという飼い主にとっても、遺伝の知識があれば愛鳥の特徴を深く知ることができるでしょう。例えば、オカメインコは本来オスとメスで模様が異なりますが、品種によっては羽色で雌雄の区別ができないものもあります。つまり、オスの特徴であるオレンジのチークパッチや、メスの特徴である尾羽の裏側の模様などがすべて消失する色変わりの場合、外観からは区別できなくなるのです。こうしたことがどのように起きるのかを知れば、愛鳥への愛がさらに深まるのではないでしょうか。

繁殖させたい場合、遺伝の知識は不可欠です。飼い鳥としてのオカメインコの遺伝子プールは限られていますので、子孫を長年にわたって繁栄させるためには、問題が生じるような掛け合わせを避けなければならないからです。どのような掛け合わせからどのような色変わりが生じるかを知るだけでなく、遺伝的に好ましくない掛け合わせを知ることにより、それらを避け、オカメインコの種としての健康を守ることができます。

羽色の科学

インコ目の鳥の色は、2つのグループの色素に加え、羽毛の構造による干渉から生じる色(構造色)から成ります。前者は黒から茶色までの色を作るメラニン色素と、黄・橙・赤を生じさせるシッタシン色素(「インコ色素」という意味です)から成り、それぞれ異なる部位に存在します(図1)。つまり、インコ目の鳥の羽には黒や茶と黄・橙・赤しか色素がないのです。では、なぜ青や緑の鳥がいるのでしょう。そのわけは羽の構造にあります。髄質と皮質に挟まれた雲細胞が光に干渉し、私たちの目に映る色を変えるのです。

私たちの目に映る色は、物体に反射した光に他なりません。図2は、緑の羽色が私たちの目にどう映るかの原理を表したものです。黄色のシッタシン色素は最も外側の皮質に存在し、黒色のメラニン色素は髄質にあります。雲細胞はその中間にあり、光に干渉して青の構造色を生み出します。表面から反射した黄と、構造色の青の反射が混ざると、私たちの目には緑色に見えるのです。

シッタシン色素が欠けた場合、羽色は、雲細胞の干渉を受ければ青、受けなければメラニンの色になります。ノーマルのオカメインコのからだの大部分はグレー、つまりメラニン色素の色ですので、皮質にはシッタシン色素がなく(実際は部位によって薄黄色の色素がありますが)、青の構造色に変化させる雲細胞も作用していないことになります(図3)。

一方、頭部では黄や橙のシッタシン色素がそのまま発色しています。オカメインコにはさまざまな色変わり品種がありますが、どれも、ノーマルのオカメインコがもともと持っている羽の色にかかわるさまざまな遺伝子に変化が生じ、退色が生じたものなのです。

(図1)

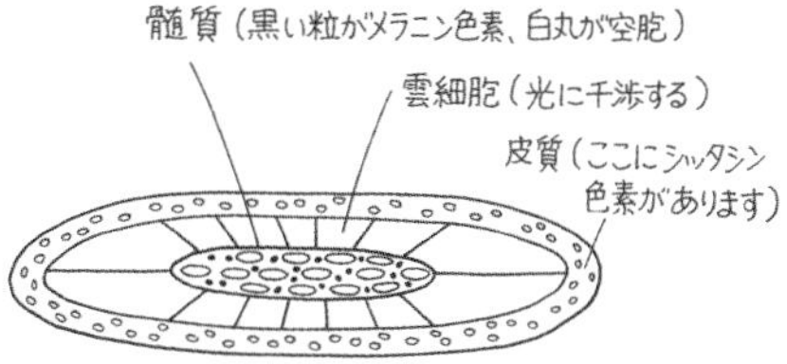

(図2)

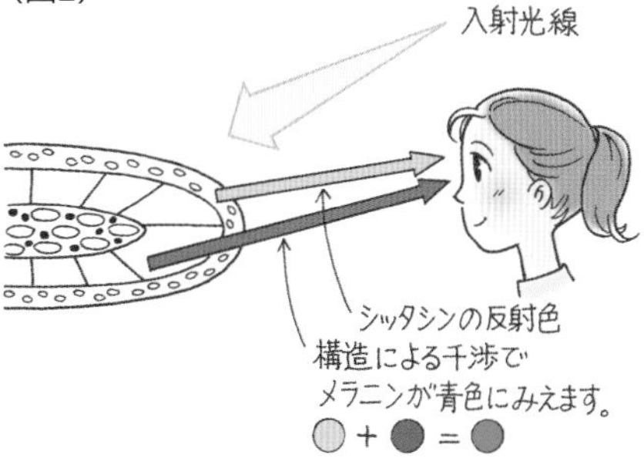

(図3)

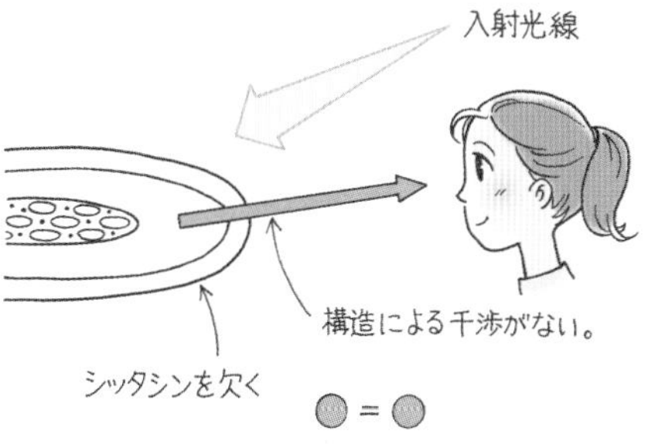

オカメインコの羽色と遺伝の法則

近年、インコ目の羽色の遺伝研究は目覚ましい発展を見せています。2003年に出版された『*A Guide to Colour Mutations & Genetics in Parrots*』によれば、オカメインコの色変わり品種には16種類があるとされています。（繁殖されている地域は当時のものです。現在ではすでに日本に入ってきているものも多いでしょう。）以下の表は、『*A Guide to Colour Mutations & Genetics in Parrots*』に記載された表に、私が少々手を加えたものです。ご参考になさってください。

オカメインコの色変わり品種名対照表

遺伝因子名	一般名	繁殖されている地域
ブルー（Blue）	ホワイトフェイス	全世界
パーブルー（Parblue）	パステルフェイス	全世界
伴性遺伝ルチノー（Sex-linked Lutino）	ルチノー	全世界
伴性遺伝プラチナ（Sex-linked Platinum）	プラチナ	オーストラリア
常染色体遺伝ルチノー（NSL Lutino）	常染色体遺伝ルチノー	ヨーロッパ
シナモン（Cinnamon）	シナモン	全世界
ダイルートミュータント 1 （Dilute Mutant 1）	パステルシルバー	オーストラリア
ダイルートミュータント 2? （Dilute Mutant 2?）	スパングルシルバー	オーストラリア
優性ダイルート（Dominant Dilute）	ドミナントシルバー	ヨーロッパ、アメリカ
フェイデッド（Faded）	ウェストコーストシルバー	オーストラリア
アッシェンファロー（Ashen Fallow）	レセッシブシルバー	ヨーロッパ、アメリカ
ブロンズファロー（Bronze Fallow）	ファロー	ヨーロッパ、アメリカ
オパーリン（Opaline）	パール	全世界
ADM パイド（ADM Pied）	レセッシブパイド	全世界
イエローフェイス（Yellow Face）	イエローフェイス	ヨーロッパ、アメリカ
サフューズドイエロー？ （Suffused Yellow）	エメラルド	アメリカ

「?」は現時点で議論の余地のある遺伝子名。

実際の色変わり品種の多くは、表中の基本色変わりがいくつか組み合わされて出来上がります。具体的な品種の説明に移る前に、遺伝の知識を確認しておきましょう。

まずは、中学校で習ったメンデルの法則を思い出して下さい。遺伝には、次の基本的な法則がありました。

❶優性の法則

優性遺伝子と劣性遺伝子が対を作ると優性形質が表現される。

❷分離の法則

親の対になった遺伝子は配偶子を形成するとき必ず分離する。

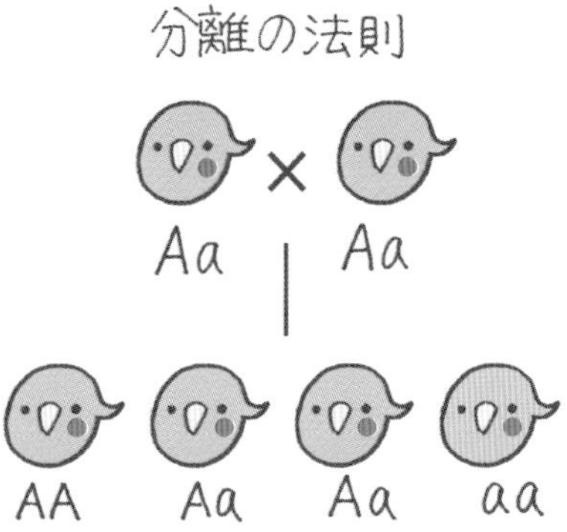

❸独立の法則

2種類以上の遺伝形質は独立して遺伝する。F2では、表現形は9:3:3:1となる。ただし、例外もある。

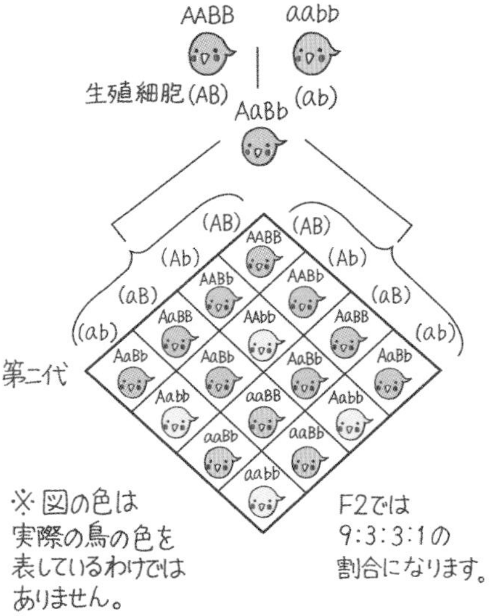

さらに、伴性遺伝も押さえておきましょう。

● 伴性遺伝

性染色体上に対立遺伝子がある。SLと略記される。鳥の性染色体はZW型で、ZWが♀、ZZが♂。従って伴性遺伝の因子は、メスに出現しやすく、オスは両親から受け継がないと発現しない。

オカメインコの羽色は、基本的にはこれらの法則が単独に、あるいは組み合わさって生じます。表中、遺伝子名とあるのは遺伝子に付けられた名称のことで、この名称は他の動物にも用いられています。従って、この名称を用いれば、セキセイインコやコザクラインコ、さらには鳥以外の動物、例えば猫や犬でも、色変わりのメカニズムを大まかに理解することができます。

しかし、実際には飼い鳥の色変わり品種の多くは遺伝の研究が今ほど進歩していなかった時代に作られており、ブリーダーや小鳥商、愛鳥家らによって名づけられた一般名（俗称）が古くから通用しています。愛鳥クラブで決められた色変わり品種名にも一般名が採用されているケースが多く、例えばオーストラリア・ナショナル・コッカティール・ソサエティ（*Australian National Cockatiel Society*）では、「ホワイトフェイス（ブルー）」のように、一般名の後ろに（　）に入れて遺伝子名を併記しています。

どちらがよいのかは意見の分かれるところだと思いますが、汎用性を考えると遺伝子名に軍配が上がり、外観をよく伝える名称としては一般名がわかりやすいでしょう。ホワイトフェイスは名称通り顔が白い色変わりで、これを「ブルー」と言われてもピンときません。しかし、遺伝のメカニズムとしては、セキセイインコなど、他のインコ目のブルーと同じなのです。どちらも必要な情報だと思いますので、本書では、「一般名（遺伝子名）」と併記する方法をとっています。

オカメインコの色変わり品種は、他のインコ目の鳥と違い、地味でシック、微妙な色合いが特徴です。これはどうして生じるのでしょうか。分類学上、オカメインコはインコ目オウム科に分類されますが、この科の鳥の羽色には、他のインコ目の鳥とは異なる特徴があります。それは、からだを覆う羽のメインカラーが緑ではないということです。オカメインコの原種の羽色は、グレーの濃淡と白、茶色から成り、あとは部分的にオレンジ赤や黄色がみられる程度で、インコ目の他の鳥のような鮮やかな緑や赤や黄ではありません。赤や黄は、インコ目の羽色のみに見られるシッタシンと呼ばれるカロチノイドの一種によって生じるものですが、オカメインコの場合は、メラニンがからだの大半で発現し、黄色と赤のシッタシンは部分的にしか見られません。色変わりとは、原種の表現型から色が「抜ける」ことから生じますので、原種よりも多くの色素が働くことはなく、緑や青のオカメインコが生じることもないのです。

もうひとつ。オカメインコの原種では、羽色から雌雄の識別ができるという特徴があります。オスには和名の由来になったオレンジのチークパッチがありますが、メスのチークパッチはグレーがかった色です。さらにメスには特徴的な尾羽の裏側の模様があるので、誰にでも雌雄の区別がつきます。このように羽色や模様から雌雄が識別できる種はインコ目では少数派ですが、これらの特徴はすべて色の発現に関係しているため、色変わりによっては雌雄の識別が外観からはできなくなります。

品種

オカメインコの品種はすべて色変わり品種で、形態が変化したり大きさが変わったりする品種は今のところありません。色変わりの多くは性格や健康状態に直接影響を与えるとは考えられていませんが、例外としてメラニン色素を欠く品種の場合、視覚異常などの症状が現れるといわれています。また、珍しい品種の場合、近親交配によって他の遺伝子が発現し、何らかの遺伝疾患を生む可能性はあります。ペットとして長く生活を共にするためにも、むやみに珍しい色を求めるのではなく、鳥の健康状態をよく確認してお迎えしてください。

ノーマル

原種と同じ表現型をすべてノーマルと呼びます。（「表現型」と書いたのは、中には色変わりの劣性因子を持っている鳥もいるからです。）オスではグレーの体色に加え、黄色の冠羽とオレンジ色のチークパッチが鮮やかです。メスは顔にもメラニン色素によるグレー色が出ますので、冠羽やチークパッチはくすんで見えます。また、尾羽の裏に縞模様がみられるのもメスの特徴です。ヒナはメスに似ていますが、クチバシは肌色です。ノーマルはすべての色変わりの基本ですので、繁殖の種鳥としても個人のペットとしても、いつまでも大切にしてゆきたいものです。

オカメインコの主な色変わり品種

（　）内は遺伝子名に基づく名称です。

単一遺伝子による主な色変種

■ホワイトフェイス（ブルー）

赤色や黄色を生じるシッタシン色素が欠ける劣性の突然変異で、1970年代にヨーロッパで作出されました。緑色のインコではブルーの羽毛を生じるので遺伝子名は「ブルー」と呼ばれますが、オカメインコの場合黄色系の色がすべて無くなりますので、オスでは顔は白くなり体色はグレーになるため「ホワイトフェイス」と呼ばれます。メスの場合、顔はグレーとなり、尾羽の裏の模様は残ります。

■パステルフェイス（パーブルー）

シッタシン色素が不完全に抜ける色変わりで、常染色体劣性遺伝です。黄色やオレンジ色は薄くなりますが、完全に消失することはありません。パーブルー因子はブルー因子が部分的に作用したものと考えられており、ブルー因子に対してのみ優性に働きます。パーブルー因子を他の因子と組み合わせると、淡い黄やオレンジ色などの微妙な色合いが生じます。

■ルチノー（伴性遺伝ルチノー）

ブルーと反対に、メラニン色素が抜ける色変わりです。メラニン色素が抜けますので、羽毛は黄色の濃淡に、目は赤色になります。多くは伴性遺伝ですから、オスのルチノーはダブルファクターで発現します。ルチノーの鳥は視覚に異常を発生することが多いといわれています。音に神経質に反応し

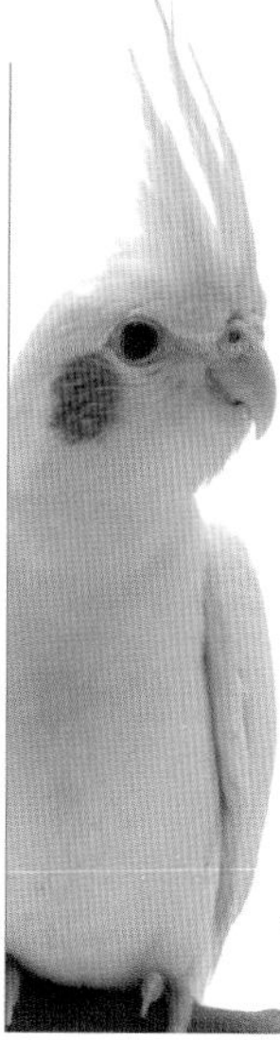

幼鳥

ているように見えたら、視力が弱い可能性があります。鳥かごにおもちゃを入れない、鳥かごから出すときも障害物が無いよう注意するなど、目が見えなくても安心できるような静かな環境で育ててあげましょう。

■シナモン(シナモン)

シナモン因子は伴性遺伝で、フェオメラニン(茶色の色素)がユーメラニン(黒の色素)に変換されるのを阻害し、その結果グレーや黒の色素が作られなくなり、羽色は薄い茶色になります。オカメインコでは全身が薄いシナモン色になるため、シックな印象を与えます。人気のある色変わりです。

幼鳥

■パステルシルバー(ダイルートミュータント1)

ダイルートとはメラニン色素の減少を起こす因子で、常染色体劣性遺伝です。その結果、体色のグレーが薄くなり、シルバーのような色になります。

■ドミナントシルバー(ドミナントダイルート)

ダイルート因子には常染色体優性遺伝のものがあり、ノーマルとの掛け合わせから半分のドミナントシルバー(ドミナントダイルート)が生まれます。今のところ、オカメインコとワカケホンセイインコでしか確認されていない遺伝子です。ダブルファクターとシングルファクターがあります。

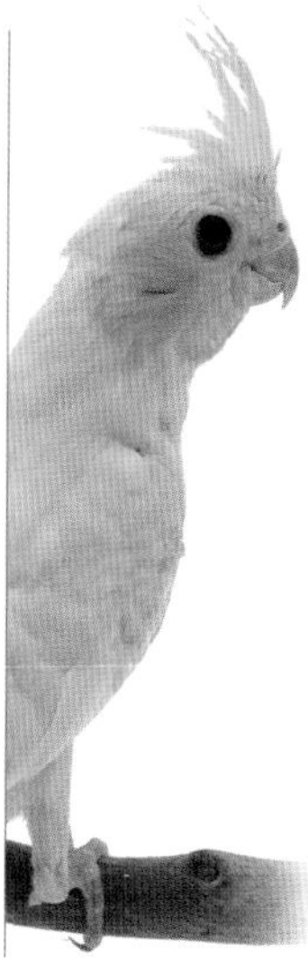

ダブルファクター
幼鳥

■パール(オパーリン)

オパーリン因子は色素の分布に影響を与えます。様々なインコ目の鳥に発現しますが、表現型が種によって異なるため、近年まで性質がよくわからないままでした。オカメインコではご存じのように華やかな斑点模様を生じるため、その外観から「パール」と呼ばれて親しまれてきました。伴性劣性遺伝で、パール(オパーリン)のオスをノーマルのメスと掛け合わせると、メスはすべてパール(オパーリン)に、オスはノーマルの表現型でオパーリン因子のスプリットを持って生まれます。

幼鳥

■レセッシブパイド(ADMパイド)

レセッシブパイド因子の中でも雌雄の区別を生じないタイプです。パイド因子は基本的にメラニンに働き掛け、発現を不規則に妨げますが、品評会では、メラニン模様が左右対称だと評価が高くなります。雌雄を見分けるには、行動に注意するか、DNA検査による性別鑑定を受ける必要があります。

■イエローフェイス(イエローフェイス)

オレンジのチークパッチが黄色になる色変わりで、おそらくオカメインコのみに生じ、伴性遺伝をします。まだ新しい色変わりです。

イエローフェイス・シナモン・パールパイド(イエローフェイス・シナモン・オパーリン・パイド)

♂

■ファロー(ファロー)

ファロー因子は常染色体劣性遺伝で、成鳥の目を赤くし、メラニンを薄い茶色にしますが、他の色素には影響を与えません。薄茶からやや濃い茶色までの色合いがあり、特にオスでは、いずれも黄色い冠羽とオレンジのチークパッチが目立ちます。赤目の鳥は視覚に障害が出ることがありますので、飼育環境を大きく変えないよう配慮しましょう。

♂

■レセッシブシルバー(アッシェンファロー)

アッシェンファロー因子は常染色体劣性遺伝で、メラニンを薄いグレーにし、目を赤くします。この鳥は全身がドミナントシルバーに似た色になりますので、一般にはレセッシブ(劣性)シルバーと呼ばれます。ファローと同じく、視覚に障害がないか注意しながら、環境変化による不安を起こさないように飼育しましょう。

II 主なコンビネーション型色変種

Iで挙げたものを初めとするいくつかの色変わり因子が組み合わさって、様々な色変わりが生じます。ここでは主なものを紹介しますが、注意すべき点は、個々の鳥の遺伝背景を外観から判断することが困難だということです。異なる掛け合わせや遺伝子から似たような表現型の鳥が生まれることがしばしばあるからです。新しい品種は日々生まれており、このままでは一般の飼い主は混乱するばかりです。繁殖の際は個々の鳥の遺伝情報を記録し、鳥とともに新しい飼い主に渡すような習慣が求められるところです。

■アルビノ（ブルー・SLルチノー）

伴性（SL）ルチノー因子によりメラニン色素が欠け、さらにブルー因子によりシッタシン色素が欠けた色変種で、羽毛はすべて白く、虹彩は赤くなります。鳥類ではアルビノは常にブルーとルチノーのコンビネーションといわれています。（「アルビノ」因子が単独で存在するという説もあります。）

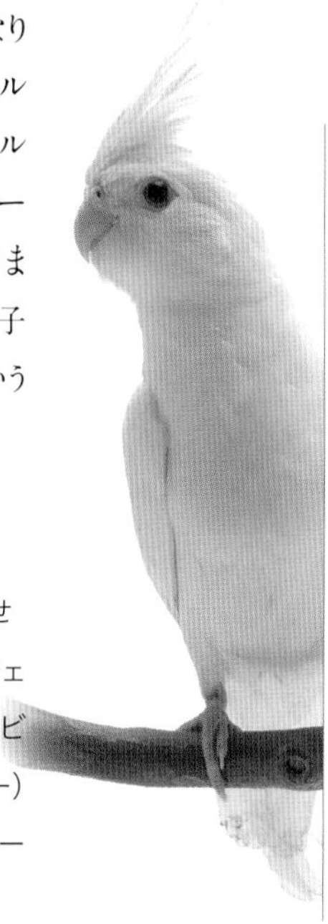

＊アルビノを得るために推奨される掛け合わせ
ルチノー♂×ホワイトフェイス（ブルー）♀→アルビノ（SLルチノー／ブルー）♀、ノーマル／ルチノー／ブルー♂

■ホワイトフェイス・パステル、またはホワイトフェイス・シルバー（ダイルート・ブルー、ダイルート・グレイ、フェイデッド・グレイ）

ダイルート、あるいはフェイデッド因子とブルーもしくはグレイ因子の組み合わせから生じます。ダイルート因子を持つ方が色は薄くなり、フェイデッド因子を持つ方は色がやや濃くなります。

ホワイトフェイス・レセッシブシルバー（ブルー・アッシェンファロー）

■パール・パイド（オパーリン・パイド）

パール（オパーリン）因子とパイドの因子の組み合わせから生じ、パイド因子の働きに応じて不規則な色抜けが生じます。メスではその名の通り2つの因子の特徴が現れますが、成鳥のオスではパール（オパーリン）模様が消失するため、通常のパイドと区別がつきません。幼鳥では、オスでもメスと同じように「パール模様」が現れます。オスの場合、初めの換羽でこの模様は失われます。

幼鳥

■シナモン・パール・パイド
（シナモン・オパーリン・パイド）

3つの遺伝子が組み合わさった品種です。体色はシナモン（薄茶）色、そこにオパーリン（パール）とパイド模様が加わりますが、オパーリン（パール）模様は成鳥のオスでは消失しますし、パイド模様の出方も鳥により異なりますので、性差に加え、それぞれの鳥の個性が豊かな品種といえましょう。

■ホワイトフェイス・シナモン・パイド
（ブルー・シナモン・パイド）

この鳥の場合はパイド模様がやや大きく出ていますので「ミディアムパイド」と呼ばれます。このように、外観の特徴を名称として用いると識別がしやすくなります。

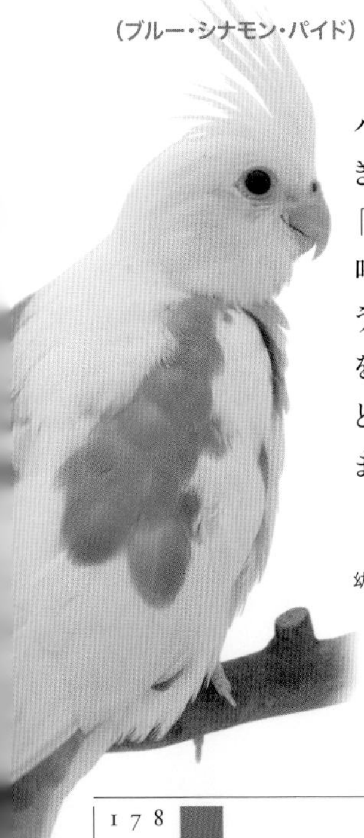
幼鳥

■ホワイトフェイス・シナモン・パール・パイド
（ブルー・シナモン・オパーリン・パイド）

4つの遺伝子が組み合わさった品種で、ホワイトフェイス（ブルー）因子により顔が白くなり、体色はシナモン、メスではオパーリン（パール）模様が出て、さらにパイド因子により不規則に色が抜けます。特にオスでは、パイドの出方によっては全身がほとんど白くなる場合もありますが、目の色は常に黒です。

「パイド」の中でも、この鳥のようにパイド模様が少ないものを「ヘビーパイド」と呼ぶことがあります。この鳥はオスですので、外観からは、ホワイトフェイス・シナモン・パイドとほとんど区別がつきません。

「パール模様」が美しく現れているので、この鳥がメスだとわかります。

■イエローフェイス・ファロー

（イエローフェイス・ファロー）

伴性遺伝のイエローフェイス因子とファロー因子の組み合わせです。目の色が赤みがかっているのはファロー因子の影響です。

■ドミナント・イエローチーク・エメラルド

（ドミナント・イエローチーク・サフューズドイエロー）

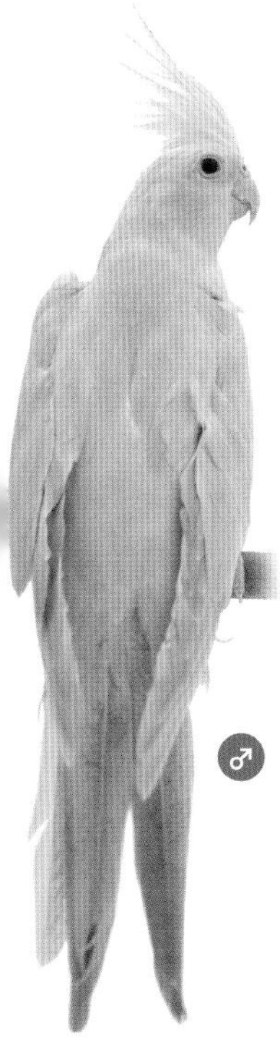

ドミナントイエローチークは1996年にフロリダのブリーダーが作出したと言われる新しい色変種です。「エメラルド」も新しい色変種で、1990年代にメイソン氏が固定しました。「エメラルド」は、アメリカンコッカティールソサエティの遺伝アドバイザーであるリック・ソウリス氏によれば、遺伝子名で「サフューズドイエロー」と呼ばれることがあります。サフューズドとは、ダイルート因子の1種で、メラニン色素を80%まで減少させる因子です。

■パステルフェイス・エメラルド

（パーブルー・サフューズドイエロー）

パーブルー因子と「エメラルド」の組み合わせですが、写真で分かるように、羽毛内側のメラニン色素が薄く、あるいはほとんど消失し、縁にのみ出現しています。このため、体全体が薄いグレーイエローの粉をかけたように見えるのです。

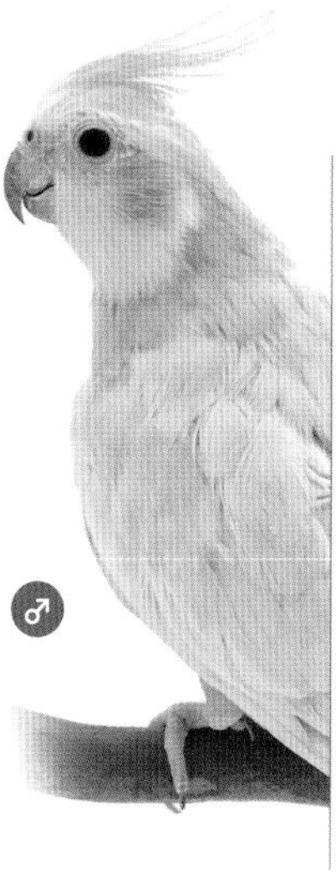

■パステルフェイス・エメラルド

（パーブルー・サフューズドイエロー）

同じくメスです。メスでは、腰の部分の縞模様が薄く残ります。

■ホワイトフェイス・レセッシブシルバー
(ブルー・アッシェンファロー)

「レセッシブシルバー」は、アッシェンファロー因子により、ドミナントシルバーとは異なり、目が赤くなるのが特徴です。

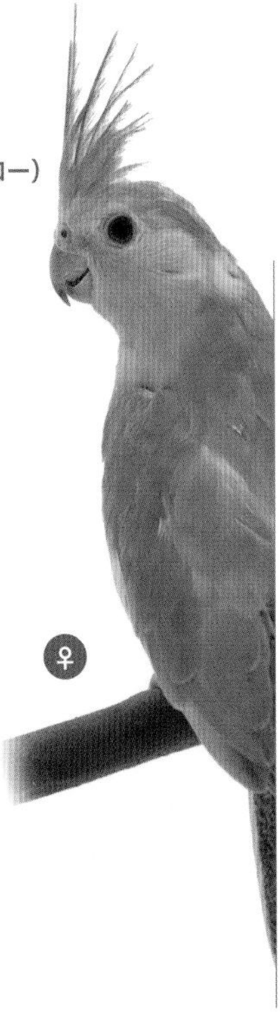

■パステルフェイス・ドミナントシルバーダブルファクター
(ブルー・ドミナントダイルート・ダブルファクター)

この鳥のようにドミナントダイルート因子がダブルファクター(ホモ接合)の場合、メラニン色素がさらに強く退色し、薄い銀色のように見えます。パーブルー因子によりシッタシン色素も薄くなっているため、全身がほんのりした色合いです。

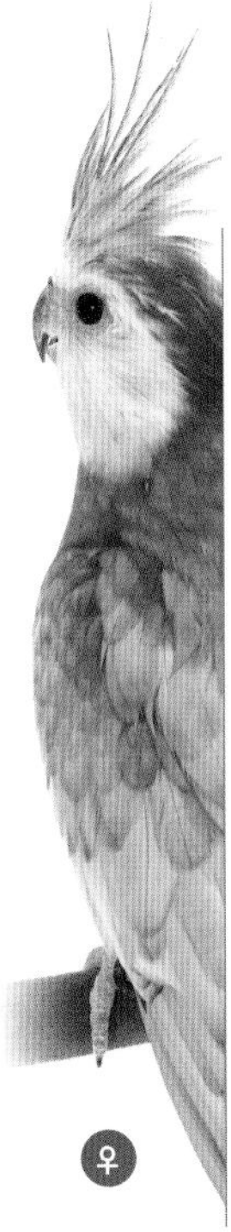

■レセッシブシルバー・パールパイド
(アッシェンファロー・オパーリン・パイド)

3つの遺伝子が組み合わさっていますが、オスですので「パール」模様は現れていません。この鳥では、パイド模様はごく控えめです。

■ホワイトフェイス・ドミナントシルバーパイド・シングルファクター(ブルー・ドミナントダイルートシングルファクター・パイド)

3つの遺伝子の組み合わせです。ドミナントダイルート因子はシングルファクター(ヘテロ接合)であり、パイドも控えめですので、体全体が濃い銀色に見えます。

■パステルフェイス・ファロー（パーブルー・ファロー）

パーブルー因子によりシッタシン色素が、ファロー因子によりメラニン色素がそれぞれ減少し、全体としてほのかな色合いになり、さらに目が赤色になります。シナモンとの大きな違いが、この目の色です。

Glossary

- **対立遺伝子：**両親から一つずつ受け取るので異なる遺伝情報を持ち、かつ同じ遺伝子座に存在する因子。
- **遺伝子座：**形質に関する遺伝情報が存在する染色体の部位。
- **優性因子：**同じ遺伝子型を持つ親同士の交配から生まれた子(F1)に現れる因子。ドミナントファクター。
- **劣性因子：**同じ遺伝子型を持つ親同士の交配から生まれた子(F1)に現れない因子。レセッシブファクター。スプリットとも呼びます。
- **遺伝子型：**個体の遺伝子構成を記号で示したもの。優性因子は大文字(Aなど)、劣性因子は小文字(aなど)で表します。
- **表現型：**表に現れる個体の形質のこと。
- **ホモ接合体：**同じ遺伝子が対をなす遺伝子型。AA、aaなどと書きます。ダブルファクター(DF)とも呼ばれます。
- **ヘテロ接合体：**異なる遺伝子が対をなす遺伝子型。Aa、Bbなどと書きます。シングルファクター(SF)とも呼ばれます。
- **性染色体：**性別を決定する染色体（雌雄共通の染色体は常染色体）で、鳥類では雌がヘテロになるZW型(雄:ZZ, 雌:ZW)です。ルチノー、シナモンなどの伴性遺伝する因子は性染色体上に乗るため、メスで発現しやすくなります。
- **ADM**：Anti-dimorphism、つまり性別による外観の差異(二型性、ディモーフィズム)がなくなること。

記録をつけておこう

遺伝の知識と同じくらい重要なのが「記録」です。3代か4代前の祖先がわかるように記録を取れば、遺伝的に問題のある鳥を繁殖に用いるのを避けることができます。254頁「オカメインコ血統記録書」の巻末付録を使えば4代前まで血統をたどれます。血統書作成ソフト等も販売されていますので、色々試してみてください。

PERFECT
PET
OWNER'S
GUIDES

Chapter 10

オカメインコに
会いに行こう

野生のインコ・オウムに会いに行こう

樹上にいる際は特別警戒心が強いとは感じない

© AAK Nature Watch

野鳥の宝庫、ケアンズ

オーストラリアには、コアラやカモノハシ、カンガルーなど、他国では見られない野生動物がいます。鳥類においても同様で、オーストラリアだけで約350種もの固有種を有しています。早い時代から他の大陸とは切り離されたことが多様性に富んだ独自の生態系を育んできたと考えられています。

オーストラリア大陸北東岸、ヨーク岬半島の付け根付近に広がる珊瑚海に面する港湾都市、ケアンズ。ここケアンズは日本から一番近い、オーストラリアの玄関口であり、トロピカルな雰囲気で日本人も多く訪れている人気の観光地です。

ケアンズでは、オーストラリアに暮らすたくさんの野鳥を旅行者も観察することができます。私たちに馴染みの深いオカメインコやセキセイインコをはじめ、モモイロインコ、キバタン、セイガイインコ、ヒインコなど、バード・ショップや動物園でしか見たことのないような種類の鳥たちも、ここケアンズに生息しているからです。

バードウォッチャーのみならず、コンパニオンバードと暮らす愛鳥家にとっても、まさに夢のような憧れの土地、ケアンズ。

そこで、日本人野鳥ガイドとして活躍する太田祐さんにお話しをうかがいました。

野生のオカメインコに会いに行く旅

太田さんの主催するバードウォッチング・ツアーでは、オカメインコを観に行くことも可能です。ただし、ケアンズからオカメインコの生息地までは距離があるため、1泊2日のコースが基本になります。

陽が高いうちは、さまざまな場所で食餌したり、大空を飛び交うインコやオウムたちの姿を観察し、日暮の頃には、それらの鳥たちが集団でネグラ入りするところを見学することができます。太田さんは野生のオカメインコを観察する難しさと楽しさについて、このように語っています。

「オカメインコやセキセイインコは、オーストラリアの内陸部でたくさん暮らしています。ただ、特定の縄張りを持たないこれらの放浪型の鳥たちは、ある一定の場所に行けば必ず会えるとは限らないのが難しいところです。

オカメインコは砂漠のような広大な土地を、縦横無尽にエサを求めて放浪しています。恵みの雨が降るのをじっと待って、降ったとたんに数百km四方からその場所に一斉に集まり、そこで短期間のうちに繁殖行動を行います。その姿は圧巻です。タイミングによってはハトのように、日常的に存在するオカメインコですが、そのタイミングがいつどこにやって来るか何の規則もない、分布図も描けないのが放浪型の生き物なのです。オカメインコやセキセイインコを群れで観たいという方も多いのですが、彼らの居場所を突き止めるのは、専門家

の間でも容易なことではありません。
　それだけに運良く彼らに出会えた時は堪らなく嬉しいですし、また砂漠のような過酷な世界で小型インコやフィンチのようなちっぽけな命が懸命に生きている姿に出会えた時、こころから感動します」
　みなさんも世界中の野鳥ガイドの中でも高い評価で知られる太田祐さんの案内で、ケアンズに暮らすたくさんのインコやオウムたちに会いに行ってみませんか。

意識的に枯れ木や枯れ枝で休むのは彼らの擬態

オカメインコの給水。尾が濡れて飛びにくくならないよう、からだを反らせている

- **ジョージタウン 1泊2日バードウォッチング** おひとり様（2名一室）　A$820
- **インコ・オウムスペシャルツアー 2泊3日(Mt Isa)** おひとり様（2名一室）　A$2200

（2024.2月現在）

ツアー企画

AAK Nature Watch

電話:+61-7-4095-1108（オーストラリア）
329 Lake Barrine road Malanda QLD 4885 Australia
A.B.N 23450043477
http://aaknaturewatch.com/　※ホームページの中の「お問い合わせ先」から連絡できます。

オーストラリア大陸の７割を占める
乾燥した砂漠地帯"アウトバック"
オカメインコの故郷

太田 祐　おおた・ゆう

オーストラリアで活動する日本人専門野鳥ガイド。オーストラリアの野鳥観察における日本人としては草分け的存在。株式会社ワイバード（バードウォッチング専門の旅行会社）専属講師。CAIRNS BIRDING（ケアンズ探鳥会）、Birdlife AUSTRALIA（オーストラリア野鳥の会）、700Club（オーストラリア産鳥類リストが700種類以上ある人の名誉クラブ、日本人初）などに所属。豪永住権保有。

キャンベルタウン野鳥の森

ナナクサインコ

オカメインコ

キンカチョウ

　埼玉県越谷市にあるキャンベルタウン野鳥の森は、1995年9月にオーストラリアのキャンベルタウン市との姉妹都市交流10周年を記念して作られた、オーストラリアの自然に親しむことができる日本最大級のバードケージを持つミニテーマパークです。

　敷地総面積は5,350m^2あり、中でもメインとなる約3,000m^2のバードケージは、日本最大級の大きさです。

　バードケージの中には、オーストラリアのキャンベルタウン市から寄贈されたオカメインコ、モモイロインコ、キバタンやクルマサカオウム、ゴシキセイガイインコ、キンカチョウなど、21種類、およそ500羽の鳥類が飼育されています。

　その他、ワラビーの仲間であるベネットアカクビワラビー、エミューのエリアもあります。

　キャンベルタウン野鳥の森では、広いバードケージの中を自在に飛び交い、食餌し、営巣をするオカメインコたちの自然に近い姿を間近に見学することができます。オカメインコの生態を観察できる国内でも他に類を見ない貴重な施設といえるでしょう。

キャンベルタウン野鳥の森にいる鳥たち（2024年2月現在）

アカオクロオウム
アカハシキンセイチョウ
アカビタイムジオウム
ウスユキバト
エミュー
オーストラリアイシチドリ
オーストラリアガマグチヨタカ
オカメインコ
キバタン
キンカチョウ
キンショウジョウインコ
キンバト
クルマサカオウム
ゴシキセイガイインコ
シラコバト
ナナクサインコ
ブロンズトキ
ミカヅキインコ
モモイロインコ
レンジャクバト
ワライカワセミ

キンショウジョウインコ

キャンベルタウン野鳥の森

埼玉県越谷市大字大吉272番地1
https://yacho-nomori.kosi-kanri.com/

入園料	大人（高校生以上）100円 小人30円　未就学児無料
開園時間	午前９時～午後４時 （入園は午後３時30分まで）
休園日	毎週月曜日（月曜日が国民の祝日または振替休日の場合はその翌日）、年末年始（12月29日から翌年1月3日）

※その他管理上必要に応じて臨時休園する場合があります

【アクセス】
電車の場合：
東武スカイツリーライン北越谷駅東口よりバスで約10分。行先はエローラ・弥栄循環など小田急弥栄（やさか）団地入口で下車し、徒歩5分。
車の場合：
東京方面から国道4号で越谷市に入り、東武スカイツリーライン高架橋を越えた後、下間久里北交差点を右折し、直進約2km。GSコスモ石油・昭和シェル石油がある花田（西）交差点を左折し、300mで大吉公園駐車場（40台）。

TSUBASA

2000年に設立された認定NPO法人、TSUBASAは、コンパニオンバードを専門とした保護活動団体です。

TSUBASAは、「The Society for Unity with Birds - Adoption and Sanctuary in Asia」の頭文字からとったもので、「鳥と調和のとれる社会、アジアの里親とサンクチュアリ」という意味なのだとか。

TSUBASAでは、鳥類を愛し、鳥類の愛護活動に関心を持っている方たちを対象に、コンパニオンバードの適正飼養に関する啓蒙活動を行っています。また、それと同時に、人間と動物が共生するためのモデル作りを目指しています。

TSUBASAの活動の一環の中には、家庭の事情で飼えなくなってしまったコンパニオンバードの引き取り(レスキュー)、そして、それらの鳥たちの施設での保護・新しい飼い主探し(譲渡)などがあります。

同団体は、コンパニオンバードの保護譲渡活動や、愛鳥家に向けての基礎的な飼養知識を啓発にとどまらず、さまざまな形で

の講演会や勉強会を定期的に開催しています。

コンパニオンバードと暮らそうと思っている初心者の方から、ベテランの愛鳥家、専門家に至るまで、それぞれの知識レベルに応じた内容となっています。

定期的に行われているイベントや講習会をCHECK

TSUBASAの開催するイベントの中で、最も注目されているのは、国内外から鳥類研究家や専門家を招聘して、講演や研究発表を行う「TSUBASAシンポジウム」です。

内外の著名な講師による講演を聞きに、全国からたくさんの愛鳥家が集まってきます。

ほかにも、TSUBASAの会員を対象に活動報告や基調講演を行う「TSUBASAフォーラム」、少人数制のセミナーを行う「TSUBASA愛鳥塾」などが、一年を通して定期的に行われています。

コンパニオンバードについて学びたい人々にとって、たいへん興味深く盛りだくさんの内容です。また、同法人の保護施設である「とり村」も、愛鳥家として一度は訪れたい場所のひとつです。そこでは、TSUBASAによってレスキューされた鳥たちを見たり、一部の鳥たちとは、触れ合うことができます。

ほかにも、コンパニオンバードとその飼い主が、ともに社会化を学ぶための場所として、「とり村」の一部を、「バード・ラン」として開放もしています。

※バードランを利用できる鳥は、1歳以上の健康でクラミジア、PBFD、BFD検査をしていることが確認できている個体に限定

認定NPO法人 TSUBASA
埼玉県 新座市 中野2-2-22
TEL 048-480-6077(13:00~17:00)
URL https://www.tsubasa.ne.jp/

COLUMN

野草を摘みにでかけよう

身近にある野草も、オカメインコのちょっとしたおやつになります。

季節を感じられる野草を愛鳥の食餌に取り入れることで、単調になりがちな食生活に彩りを添えてみませんか。

●野草を摘む場所

オカメインコに与える野草は、汚染されていないものを選びましょう。野草を摘む場所としては、車の排気ガスがかからないところ、農薬や除草剤、化学肥料などが散布されていないところを選ぶ必要があります。また、犬猫や野鳥の排泄物がかかってはいないかもチェックしてください。

●野草を与える前に

摘んだ野草は、流水で汚れをよく流し、さらに10分ほど水に晒してからすすぎ、しっかり水気を切ってから与えましょう。

葉の汚れが気になる時は、乳幼児用として販売されている野菜洗いの洗剤を使うとさらに安心です。

●野草選び

イネ科の植物は、愛鳥にも安心して与えることができます。

野草の栄養価はまちまちであり、種類によっては、与えすぎるとオカメインコの健康に害を及ぼすものもあります。喜んで食べるからといって、主食の量が減っ

オーチャードグラス（カモガヤ）

スズメノカタビラ

カラスノエンドウ

ハコベ

シロツメグサ（クローバー）

エノコログサ（ネコジャラシ）

たり、フンが下痢気味になってしまったりするほど与えてはいけません。

マメ科の植物は豆でなく葉の部分をたまに与える分には問題ありませんが、過剰摂取はホルモンバランスに影響が出ることがあります。

また、キク科の植物の中には、あくの強いものも多いので、季節の味をちょっと楽しむ程度に留めましょう。

■食べられる野草

ハコベ：ナデシコ科
オーチャードグラス（カモガヤ）：イネ科
エノコログサ（ネコジャラシ）：イネ科
オオアワガエリ（チモシー）：イネ科
スズメノカタビラ：イネ科
ヨモギ：キク科
タンポポ：キク科
ノコギリソウ：キク科
ハルノノゲシ：キク科
コオニタビラコ（ホトケノザ）：キク科
クズ：マメ科
カラスノエンドウ：マメ科
シロツメグサ（クローバー）：マメ科
オオバコ：オオバコ科
タチツボスミレ：スミレ科
など

■身近にあるが、与えてはいけない野草

アサガオ／アジサイ／サツキ／ツツジ／サトイモ／シャクナゲ／シダ／スイセン／スズラン／モロヘイヤ／ワラビ／サクラなど

●与える際の注意点

毎日、同じ種類の野草を与えるのは栄養バランスの観点からも望ましくありません。おやつ程度までです。

また、オカメインコにも「好き・嫌い」があります。絶対に食べさせなくてはいけないものではありませんので無理強いは禁物です。

これらの野草は傷みやすいので、食べないようなら早めにケージから取り出してください。

●安心・安全なプランター栽培

安全な野草を見つける自信がない、あるいは野に這う草を愛鳥に与えることに不安が残るという場合、プランターで栽培することもできます。

特に小鳥たちの間で定評があるハコベは、ハーブのお店や、オンラインショップで種子を購入することもできます。

COLUMN

オカメインコと睡眠

オカメインコと暮らしていると、夜だけでなく、日中も目を閉じてすやすやと休んでいるシーンを見かけることがあります。そっと近づいていっても、あっという間に目を覚ましてしまうのですが。

オカメインコの眠りと夢について考えてみましょう。

●まぶたの仕組みと眠り

オカメインコたちは瞬膜といって上下のまぶたとは別に、その内側にもうひとつ半透明の膜のまぶたを有しています。瞬膜は目を開いたままでも視界が確保できるゴーグルのような役割を担っています。飛翔中の瞳の保護(異物混入や乾燥防止)が主な役目のようです。この瞬膜を閉じるのはほんの一瞬のことであることが大半で、長く共に暮らしていても、愛鳥の瞬膜をはっきり見ることはほとんどありませんが、ごく稀に連写した写真の中に一枚、偶然、白目のようになって写りこんでいるようなことはあります。

また、ヒトのまぶたはシャッターのように上から下に閉じますが、インコのまぶたは、下から上に閉じる仕組みになっています。

天敵であるハヤブサなどの猛禽類の存在をいち早く察知する必要があるためです。また、オカメインコのまぶたは薄く、色も白っぽいグレー色です。

薄いまぶたにすることで、目を閉じていても光を感じることができ、周囲が明るいのか暗い状況なのかがわかるようになっています。

さらに、目を閉じていても、遠目には白っぽく見えて目を開けているか閉じているかはわかりづらく、敵に油断した姿を見せないための効果もあるのではないかと考えられています。

●お昼寝も大切な睡眠のひとつ

コンパニオンバードである彼らは、夜も遅くまで明るい飼育環境で暮らしていることも多いので、午睡をとることによって、睡眠量を保っているとも考えられます。それと同様に、野生下に暮らすオカメインコたちも、日差しの高い日中には、むやみに飛び廻ることはせず、木陰で休んでいることが多いようです。

そうやって、ちょっとした時間を見つけては軽く睡眠をとることで、オカメインコたちは睡眠時間を調整しています。

●すぐに目を覚ます理由

オカメインコたちの眠りには特徴があり、ぐっすり熟睡するということはなく、常に周囲へのアンテナを張り巡らせていて、何かあったらすぐに飛び立てるよう、スタンバイした状態のまま眠りについています。

これは、犬や猫はいびきをかくほど深く眠るけれど、ウサギやリスなどの小動物がそうではないことに通じる部分があり、要は捕食する側と捕食される側の危機管理意識の違いかもしれません。

そして、オカメインコたちは寝ている間も聴覚は働いていて、耳慣れない音が聞こえた時には、すぐに反応し、即座に目覚めて逃げだすことができます。

これもオカメパニックの原因のひとつといえるでしょう。

●オカメインコも夢を見る

オカメインコたちはまとまった眠りをとることは少ないのですが、夢は見ていると考えられています。私たちヒトと同様に、鳥類にもレム睡眠とノンレム睡眠があります。脳もからだも寝ているノンレム睡眠と脳は起きていてからだは休んでいるレム睡眠のうち、レム睡眠の時には、インコも夢を見ているようなのです。

夜中に突然、鳴いたりモノマネをしたりするオカメインコは、もしかしたら夢を見て寝言を言ってしまったのかもしれません。

Chapter 11

オカメインコの
かかりやすい病気とケガ

ウイルスによる感染症

オウムの内臓乳頭腫症（IP）

原因

ヘルペスウイルス科の*Psittacid Herpes Viruses*（PsHVs）が原因となり腫瘍を形成する。

ウイルスは糞便や呼吸器、目の分泌物の中に排泄され、それを別の鳥が摂取・吸入することで 感染する。

症状

主に口腔内や総排泄腔内の粘膜に乳頭の形状をした腫瘍が形成される。

結膜、鼻涙管、ファブリキウス嚢（排泄腔近くのリンパ組織）、食道、そのう、腺胃および砂嚢に広がることも。

症状には血便や乳頭腫の突出など。足に乳頭腫やプラークを形成することがあり感染鳥は徐徐に衰弱する。

治療

乳頭腫の切除や凍結、焼灼（病気の組織を焼いて治療）、抗ヘルペス薬などが治療に用いられる。

予防

鳥を迎える際には清潔な環境で飼育されている鳥を選ぶ。迎える前に検査を受ける、など。

ボルナウイルス感染症（腺胃拡張症）

原因

ボルナウイルス科、トリボルナウイルス（ABV）属のウイルスが原因となる。

感染

糞便に排出され、卵を介しても感染する。

潜伏期間は数日間のこともあれば10年に渡ることもある。

便やそのう液、卵などから ABV は検出される。親鳥とヒナ、同居の鳥同士間での感染が確認されている。

症状

さまざまな神経障害を起こし、その結果、羽毛損傷行動や自咬などの自傷行動を起こす。

そのう、食道、腺胃、筋胃、十二指腸の運動低下・拡張が起き、消化器症状（食欲不振、吐出、嘔吐、粒便、黒色便）が多くみられる。

神経症状として、抑うつ、止まり木に止まれない、歩き方の異常など運動失調、平衡感覚の喪失、頭部の揺れ、失明、足を気にする、麻痺、激しい羽毛損傷行

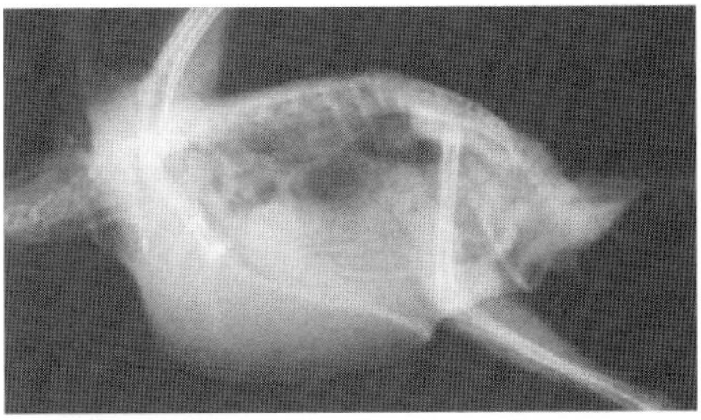

消化器の拡張がX線検査で確認できる（オカメインコ）

ボルナウイルス感染症のインコ

動や自咬、排泄腔脱、けいれん、強直性発作、後弓反張(頸部と背部を反り返らせ弓なりになる)などがみられる。

治療

QOL(生活の質)を上げるための治療を行う。抗ウイルス剤が試されることもある。

予防

全身状態を健康的に保つ。免疫力の低い鳥は未検査の鳥や陽性の鳥との接触を避ける。定期的に消毒薬や殺菌剤を用いて飼育環境を清潔に保つ。紫外線ライトや天日干しなどによるウイルス除去を飼育用品に行う、など。

オウム類の嘴羽毛病(PBFD)

原因

PBFD はウイルス性疾患でサーコウイルス(*Circovirus*)が原因となる。

ウイルスは感染鳥の糞便、そのう液、抜け落ちた羽毛などから検出される。

同居鳥の羽毛・脂粉、糞便の摂食・吸引などによる水平感染や親鳥からヒナへの給餌による感染が考えられる。

症状や症状の重篤度は発症した年齢によって異なり、感受性は3歳以下の若鳥が高い。

幼鳥など免疫力が低い鳥や海外からの輸入鳥に多く、オカメインコには稀な疾患。

進行

予後は極めて悪いが、長期間の生存例や陰性に転じることも。

孵化後のヒナに多い甚急性型では突然死、幼鳥に多い急性型では羽毛異常、

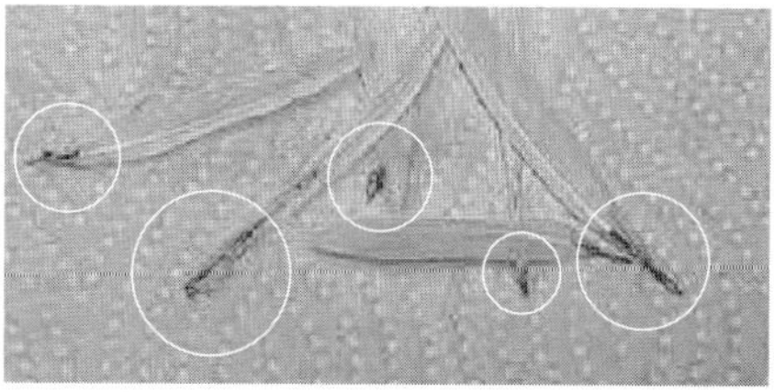

PBFDにより風切羽の羽軸内に血液が残存している

消化器症状、貧血など。

若鳥から成鳥に多くみられる慢性型では、羽毛異常とクチバシの異常が進行し、免疫不全により死亡する。

症状を表さない不顕性感染も存在する。

症状

多くが幼鳥期の正羽が生えてくる時か換羽の時に発症する。

- **羽毛の異常**:羽軸の異常(くびれ、ねじれ、血斑)、羽軸の壊死
- **羽色の異常**:羽枝の欠損、脱落、羽毛の脱色、羽鞘の脱落不全、脂粉の減少
- **クチバシの異常**:初期には脂粉の減少によるクチバシの艶や黒光り、進行するとクチバシの過長や脆弱化がみられる。

羽毛の異常は換羽とともに進行し、やがて免疫能低下により細菌、真菌などによる二次感染を起こす。

治療

治療法が確立されていないため、免疫賦活療法を行う。早期発見から免疫賦活治療によって完治する症例も少なくないが、罹患から時間が経ってしまうと回復は困難。

予防

新たに鳥を迎える際には他の鳥との接触を一定期間、避ける、など。

細菌による感染症

グラム陰性菌感染症

原因

鳥類ではグラム陽性菌が主体。オカメインコのように盲腸を持たない鳥の体内に常在しないグラム陰性菌が多い場合は病気の原因となる。

環境に存在する大腸菌や、水や野菜などを腐敗させるシュードモナス菌（緑膿菌など）、ネコやイヌによる咬傷が原因になりやすいパスツレラ菌、卵やナッツ、昆虫や小動物の糞が混じった不衛生な穀物種子飼料や加工餌などが原因となりやすいサルモネラ菌などがある。

※パスツレラ菌とサルモネラ菌は人と動物の共通感染症

症状

元気消失、呼吸器困難、嗜眠、食欲不振、膨羽、下痢、多尿、体重減少、呼吸困難、結膜炎など。

嗜眠

治療

主に抗生剤が用いられる。

予防

咬傷事故を防ぐために鳥に犬猫を近づけない。

鳥を触る前に手を洗う。不衛生な環境下にあった餌やナッツを与えない。

野菜やフルーツはよく水で洗い流してから与え、食べ残しは傷む前に取り除く。

飼育環境や飼育器具（特にエサ入れ、水入れ、菜差しなどの食器類）は定期的に消毒し、こまめに飼育環境の換気を行う。

ネズミや野鳥、昆虫（ハエやゴキブリなど）の侵入経路を断つ、など。

ストレスや栄養状態の悪化により、からだの防御機能が弱くなっていると感染しやすくなるので、飼育環境を適切に整える。

ロックジョー症候群（ボルデテラ感染症）

原因

ボルデテラ感染症はグラム陰性菌である *Bordetella avium* によって引き起こされる上部呼吸器の感染症。

糞便、呼吸器および眼の分泌物内に排泄され、これを経口的に摂取または吸入することによって感染。

ロックジョー（開口不全症候群 Cockatiel Lock Jaw Syndrome (CLJS)）はオカメインコのみが発症する。

症状

副鼻腔炎から顎組織への炎症が波及

ロックジョーによる咬合不全がみられる

し、顎の可動域が徐徐に狭くなり、やがてクチバシや眼瞼が動かなくなる。

顎関節障害による咬合不全から、咬耗が正常に行われなくなりクチバシが過長する。血行不良からクチバシが青黒く見えることも。クチバシの開口不全のため採食ができずに徐徐に削痩して衰弱していく。

治療

特徴的な症状から診断し、抗生物質の投与を行う。早期では回復例もあるが、進行すると予後は不良。

予防

飼育環境が清潔で保菌鳥のいない繁殖所からヒナを迎えること、感染鳥に接触しない、など。

グラム陽性菌感染症

原因

グラム陽性菌感染症の主な原因として、鳥の場合、ブドウ球菌とリステリア菌があげられる。

ブドウ球菌は常在菌(日常的に身体に存在する細菌)で、リステリア菌は動植物や昆虫、土の中など、自然界に広く生息する環境常在菌の一種。

汚染された青菜が主な感染源として考えられている。

症状

ブドウ球菌は皮膚病などの病変や上部呼吸器から検出される。創傷、熱傷、褥瘡など皮膚の損傷部位に感染し、化膿性の炎症を起こす。膨羽、食欲や元気の低下、皮膚のびらん、滲出液の漏出、跛行、足の不全麻痺、成長板障害による骨の変形など。

免疫力の低下している鳥では、呼吸器感染、消化管感染、敗血症なども。

組織の壊死や膿瘍の程度によっては外科的な手術が必要となる。

リステリア菌によるリステリア症の症状には、失明、斜頸、振戦、昏迷、麻痺、嘔吐、下痢、跛行や足の不全麻痺など。

治療

主に抗生剤が用いられる。

予防

鳥の健康管理を怠らず、免疫力を維持する。妊婦や新生児、基礎疾患がある人は感染鳥との接触には注意が必要。

そのほかの細菌による感染症

鳥の抗酸菌症（鳥結核症）

原因

抗酸菌はマイコバクテリウム科、マイコバクテリウム属のグラム陽性菌で、沼や湖、川、湿地帯などに多く存在する。

感染源は感染鳥の排泄物によって汚染された水域や土壌からの経口的摂取、感染鳥からの飛沫、創傷からの皮膚感染など。

人獣共通感染症で感染しても発症するとは限らないが、ヒト後天性免疫不全症候群（AIDS）患者や、長期ステロイド使用、腎臓移植、心臓移植、白血病などで免疫力が低下している場合は播種性結核を引き起こすことがある。

伝染病予防法による届出伝染病。

治療

薬剤に対して高い抵抗性があるため、抗結核薬をはじめとした多剤併用による治療が行われる。

予防

鳥を迎える際には検査を行う。飼育用品は日光消毒やアルコール消毒、煮沸消毒を行う、など。

マイコプラズマ症

原因

マイコプラズマ属に属する微生物による感染症。

単独で発症することは稀だが細菌による混合感染により発症する。

病原体は呼吸器や眼の分泌物内に排泄され、これを経口的に摂取または吸入することにより感染。

病原体が卵を介して、ヒナに伝搬されることによる垂直感染も起こり、オカメインコにたいへん多くみられる。

症状

結膜炎、鼻炎、副鼻腔炎がみられる。

進行すると肺炎、気嚢炎、関節炎、呼吸困難、変声、元気や食欲の低下、膨羽など。

治療

PCR 検査による鑑別を行い、治療にはマイコプラズマに感受性のある抗生剤を投与する。

予防

適切な栄養の摂取（特にビタミンAなど）。ストレスの軽減。こまめに換気を行う、など。

鳥のオウム病

原因

オウム病クラミジア（*Chlamydia psittaci*）による人と動物の共通感染症。

主な感染は糞尿、鼻汁、涙液、唾液、呼吸器分泌物など空気感染または接触感染。呼吸器から侵入し、定期的あるいは断続的に排泄される。

糞や分泌物が乾燥して粉になったものを鳥やヒトが吸引することで伝播する。

感染鳥と同室の鳥の感染は著しく多いた

め、同居の鳥がいる場合はすべて検査が必要。

糞尿に汚染された飲水や飼料の摂取、親からヒナへの育雛給餌による垂直感染も。

若鳥は成鳥より感受性が高く、容易に感染する。

症状

膨羽、沈うつ、食欲不振、体重減少、くしゃみ、鼻汁、あくび、結膜炎、流涙、閉眼など。咳や喘鳴、呼吸困難、開口、テイルボビング（尾羽を上下させて呼吸を補助している状態）、全身呼吸、スターゲイジング（上見姿勢）、チアノーゼ、黄～緑色の尿酸、下痢、多飲多尿、浮腫、腹水、けいれん、後弓反張、振戦、斜頸、麻痺といった中枢神経症状など。

膨羽（左）

治療

抗生剤を用いた治療が行われる。

予防

定期的に健康診断を受け、早期発見、早期治療を行う。鳥を迎える場合は検査を受ける。

飼育用品は熱湯や日光消毒を行い、消毒剤を用いる時にはアルコール、次亜塩素酸ナトリウムを使用する、など。

▶ヒトのオウム病

鳥のオウム病は*Chlamydia psittaci*の吸入が主な感染源となります。

ヒトの性感染症であるトラコーマクラミジアや肺炎クラミジアとは別種です。

オウム病の潜伏期間はおよそ1～2週間で、急激な高熱と咳によって発症し、高熱、悪寒、頭痛、倦怠感、筋肉痛、関節痛、咳などインフルエンザのような症状を呈します。

市中肺炎（病院や介護施設など以外の場所で感染した肺炎）における発生頻度は高くありません。

鳥との過度なスキンシップを避け、節度ある飼育を心がけましょう。

飼い鳥に咬まれて感染することもあります。不顕性感染のように、鳥がすでに保菌していても健常に見える可能性もあります。

鳥が弱っている時やヒナを育てる期間に、病原菌を体外に排出しやすいとされています。糞尿、鼻汁、涙液、唾液、呼吸器分泌物などから感染します。

換気の悪い密閉した環境の中で、乾燥して粉塵化されたクラミジア菌を含む糞便が舞い上がり、それを吸い込んで感染することが多いようです。

健康なヒトが一般的な飼育環境で鳥を飼育している中で感染することは稀ですが、ヒト側の免疫が低下しているケースでは、発症が容易に生じる恐れがあります。

飼育用品は熱湯や日光消毒を行い、消毒剤を用いる時にはアルコール、次亜塩素酸ナトリウムを使用し、感染を防ぎましょう。

寄生虫による感染症

ジアルジア症（原虫）

原因

ジアルジアは栄養型と嚢子型の二つの形態がある。小腸に生息し、上部では栄養を摂取し増殖する栄養型で、下部では嚢子を形成し、便中に排泄される。

感染

嚢子型が付着したエサや排泄物を摂食することで感染する。成鳥の場合は不顕性感染が多いが、感染源となる可能性があるので見つけ次第、駆虫を検討する。

発症は鳥の免疫力などにより左右され、不顕性感染した鳥は、他の鳥への感染源となる。

症状

多くは不顕性感染で発症しないが、発症すると下痢や体重の減少がみられる。

治療

抗原虫薬によって駆虫が行われる。

予防

健康診断を受け、感染していた場合、発症前に駆虫を行う。ケージや飼育器具は熱湯消毒やフェノール液や、クレゾール溶液などで定期的に消毒を行う。

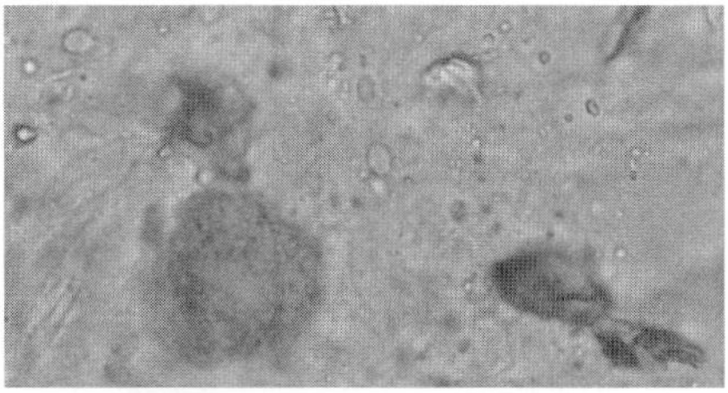

ジアルジア（嚢子型）は楕円形の殻に包まれ動かない

ヘキサミタ症（原虫）

原因

ヘキサミタはジアルジア同様、栄養型と嚢子型の二つの形態がある。

原虫で腸に寄生して、下痢や体重減少を起こすことがある。

オカメインコで最も多くみられる。

感染

主にヘキサミタの嚢子が付着したエサや排泄物を摂食することで感染する。

多くが一生を通じて発症しない不顕性型だが、幼鳥や若鳥、疾患等により免疫が低下した状態で発症しやすい。

症状

発症すると嗜眠や食欲不振、黄緑色の軟便や下痢、体重の減少など。毛引きや自咬症の原因になるともいわれている。

治療

抗原虫薬を投与する。

予防

健康診断を受け発症前に駆虫を行う。ケージや飼育器具は熱湯消毒やフェノール液やクレゾール溶液などで定期的に消毒を行う。

排泄物を口にしないよう、床は糞きり網を使用する、など（ヘキサミタは薬剤に対する抵抗性が高く、完全な駆虫が困難）。

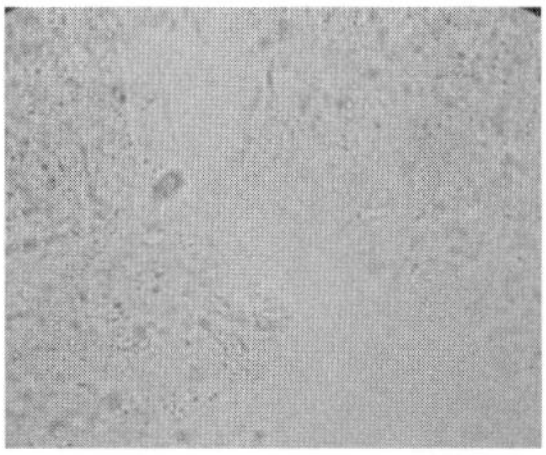

ヘキサミタ科原虫

外部寄生虫

鳥の疥癬症（節足動物）

原因

疥癬はダニ目、ヒゼンダニ（無気門）亜目、トリヒゼンダニ科、トリヒゼンダニ（*Knemidokoptes*）属の節足動物。

円いからだに短い足が特徴的なダニで、肉眼では観察できないため顕微鏡を用いて確認する。

クチバシの付け根やろう膜、目の周り、足などの少ない皮膚の部分にトンネルのような穴を開けて寄生し、その中で産卵する。

親鳥からの感染、または感染鳥と鳥が接触することで伝播する。ヒトへの影響はない。

症状

感染していても発症せず無症状ということもある。

初期症状としては嘴や足が白く粉を吹いたような状態になり、強い痒みを伴う場合はクチバシをケージの網などにこすり付けるような仕草がみられる。

足に感染した場合、止まり木で足踏みをするようなしぐさをする。重度になると排泄孔や全身の皮膚に広がり、衰弱死することも。

治療

病変の検査を顕微鏡で行う。

特徴的な病変から治療が行われる。完全にダニがいなくなるまで、複数回にわたり駆虫薬を経口または経皮投与して治療する。

予防

ケージや飼育器具、放鳥場所の定期的な熱湯消毒を行う。

環境衛生とともに感染鳥との接触を減らす、など。

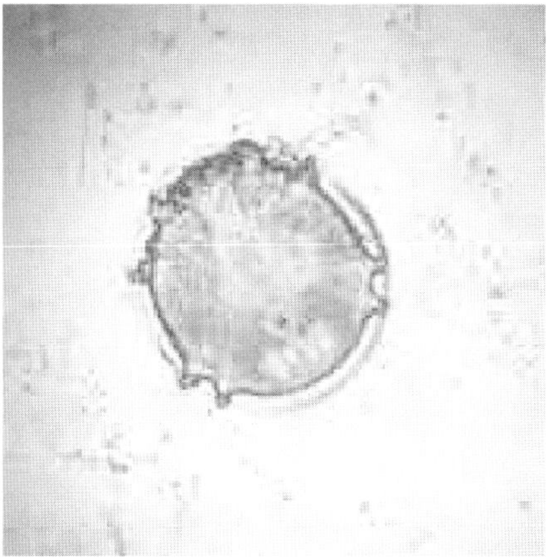

トリヒゼンダニは足が短く円いからだで、顕微鏡で確認できる

ワクモ・トリサシダニ（節足動物）

原因

ワクモ（*Dermanyssus gallinae*）はダニ目、中気門亜目、ワクモ科、ワクモ属に属する節足動物で色は赤～黒、細長い卵型で足は長く、鳥のからだに寄生して素早く動き、吸血する。

同属のスズメサシダニ（*D.hirundinis*）やトリサシダニ（*Ornithonyssus sylviarum*）はワクモに似ているが、ワクモに比べるとやや小さめ。

吸血していない時のからだは灰白色だが、吸血すると赤色となる。

ワクモは夏場に多くみられ、日中の間は鳥のからだから離れ、ケージや巣箱の隙間などに潜んでいる。夜になると鳥のからだに寄生し、吸血する。

トリサシダニは鳥のからだからは離れず、体表で生活、繁殖して吸血する。

症状

吸血によるかゆみ、皮膚の炎症など。

多量に吸血されると貧血が生じ、元気や食欲が低下。ワクモは夜間に吸血するため、夜になると鳥が暴れることも。

重度の場合、死に至ることも。

治療

体表あるいは環境に生息するダニを捕獲し顕微鏡検査を行う。駆虫薬を使用する。

予防

屋外飼育や野鳥の出入りがある場合、ワクモが家の中に侵入して飼い鳥に寄生することがあるので、ケージや飼育器具は定期的に熱湯消毒を行う。

飼育環境を清潔に保ち、高温多湿を防ぐ（トリサシダニは、鳥のからだにのみ寄生し、環境に生息しないため、消毒は重要ではない）。

人への影響

鳥から人体へ移行して皮膚炎を起こすことがある。

大量寄生ではアレルギーを起こすことも。

ハジラミ（節足動物）

原因

ハジラミは昆虫綱咀顎目（*Psocodea*）に属する体液や血液を吸わずに羽毛を食べる寄生性の昆虫の総称。

卵から成虫に至るまで鳥のからだで過ごす。他の寄生虫に比べて大きいため、目視が可能。

感染

鳥同士の接触によって伝播すると考えられているが、通常は鳥自身の羽づくろいにより駆除される。

症状

羽枝がハジラミに齧られ欠損している事で気付くことがある。

大量に寄生すると痒みやストレスにより皮膚炎や羽質の低下などがみられる。

痒みから羽毛の損傷や自咬がみられることがある。

予防

鳥自身による羽づくろいおよび日光浴や水浴びを行う、など。

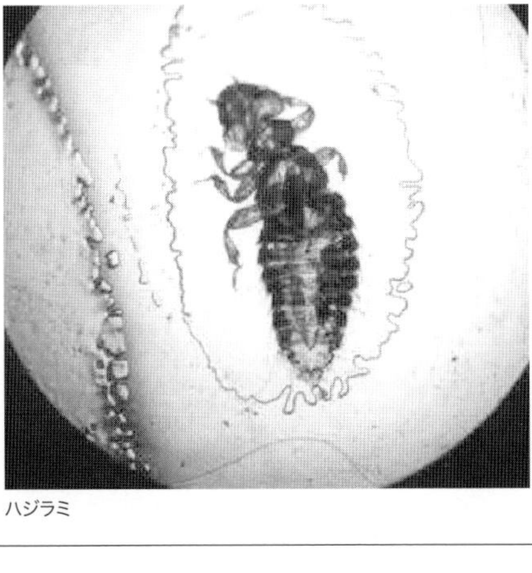

ハジラミ

真菌による感染症

カンジダ症

原因

カンジダ属(*Candida*)の真菌の増殖によって発症。

多くの飼い鳥の消化管内にいる常在菌でオカメインコのヒナにおける感受性は特に高めか。

感染

栄養の欠乏や病気などが原因でカンジダが体内で増殖すると日和見感染を起こす。

疾患や衰弱、抗生剤の長期投与、炭水化物の給餌、極端な寒さや暑さ、栄養失調、劣悪な環境などで免疫力が低下した鳥、幼鳥、若鳥で発症しやすい。

症状

食欲不振、消化器症状、口腔内に白い塊の病変など。

病変は痛みを伴うため、食物を呑み込めなくなる、吐出、嘔吐、うっ滞を引き起こす。病巣はさらに広がり、下痢、嗜眠、脱水などで衰弱した後、死に至る。

皮膚に増殖したカンジダは病変部が肥厚し、黄色みがかった色に変化する。

血流にのりカンジダが全身のさまざまな臓器へと広がり病変が形成される。

治療

患部が口腔内のみの場合、経口用のポビドンヨードによる消毒が行われる。抗真菌剤などが治療に用いられる。

予防

加熱炭水化物やブドウ糖、果糖を与えることは避け、野菜からビタミンAを与える。適切な環境と食餌、ストレスを軽減する、など。

マクロラブダス(AGY)症

原因

真菌である *Macrorhabdus ornithogaster* によって引き起こされる感染症。

以前はメガバクテリア症と呼ばれていたが、真菌でありバクテリア(細菌)ではない。

感染と進行

親鳥からヒナへ経口感染する。

劣悪な飼育環境など繁殖上のストレスが親鳥の免疫力を低下させ、感染を増大させている恐れがある。

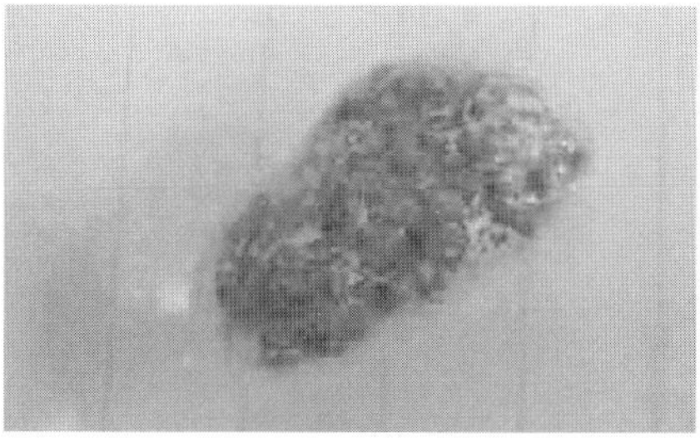

マクロラブダス症による消化不良に伴う粒便。写真はマクロラブダスに罹患したセキセイインコの糞便

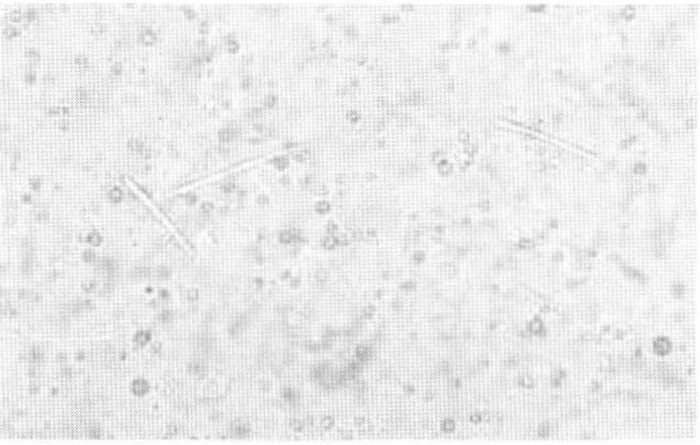

顕微鏡で見たマクロラブダス

同居鳥同士での排泄物や吐物の摂食により感染するケースも。

症状

発症は鳥の免疫力によって大きく異なり、症状を呈さない不顕性感染もある。

元気で食欲があるにも関わらず、体重が減り痩せていくことがある。

吐き気、嘔吐、食欲不振や胃の痛みから膨羽、前傾姿勢、腹蹴りなどの症状がみられる。

排泄物は胃からの出血による黒色便、出血が著しい場合には吐物に鮮血が混ざることも。

貧血状態からクチバシや足が白っぽくなり、胃出血や嘔吐にともなう脱水や誤嚥から突然死することもある。

治療

糞便検査を行い、治療には抗真菌剤が用いられる。

予防

鳥を迎えたら速やかに健康診断を受けて、発症前に駆除する。

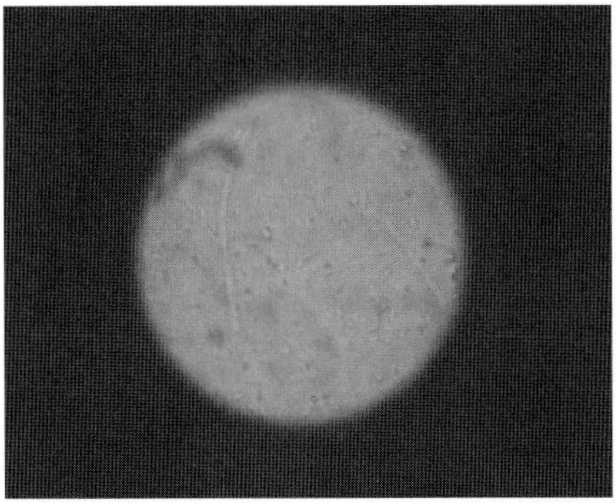

大型桿菌状の酵母(マイクロラブダス)

メスの繁殖期にかかわる病気

卵の異常
過剰産卵

飼育下では慢性的な発情が原因となり、過剰産卵をすることが問題となる。

原因

飼い鳥は安定して餌が供給される環境にあり、寒暖差も少なく産卵可能な環境といえる。

特に豊富な餌と人工的な光周期の延長は鳥を発情させるきっかけになりやすい。

症状

健康で栄養状態に問題がなければ、産卵で問題が起きることは少ない。

産卵過剰でカルシウムなどの栄養が不足すると、卵の大きさや硬さ、形状などに異常がみられるようになり、卵塞や卵管蓄卵材症に陥りやすくなる。

治療

発情はエストロジェンにより発現するため、エストロジェンの分泌を抑制するか、エストロジェンに拮抗作用のある薬剤を選択する。

予防

夜は暗くする、むやみなスキンシップをしない、巣箱や発情対象を除去するなど。

過栄養にならないように食事の量を制限することも予防となる。

卵の異常
異常卵

原因

主な原因はカルシウムの摂取不足やカルシウムの吸収を促進するビタミンD_3欠乏による吸収不良、カルシウムの吸収を阻害する高脂肪食や、古いコマツナやホウレンソウに含まれるシュウ酸物質の取りすぎなど。異常卵には殻の表面が乱雑な卵、殻が薄い卵、卵型になっていない卵、殻のない中身だけの卵などがある。

ほかにも卵管内での卵の破損、卵材の異常分泌による無殻卵や小型卵が生じることも。

いずれも産卵が過剰に続く鳥や栄養状態の悪い鳥に多くみられる。

症状

異常卵になると難産や卵塞（卵詰まり）、卵管蓄卵材症となる傾向がみられる。

治療

カルシウム剤やビタミンD_3を投与し卵殻の形成を促す。

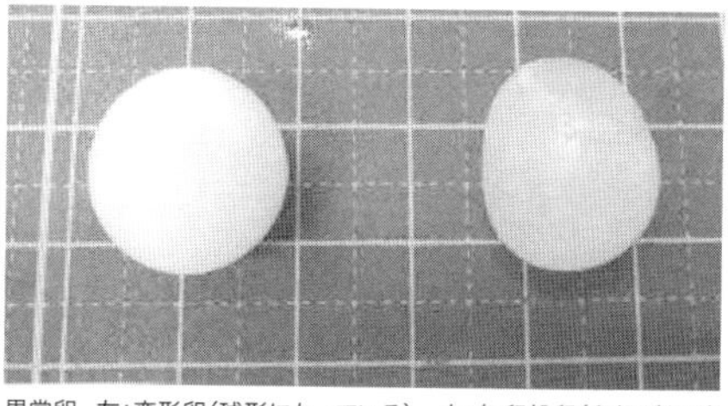

異常卵。左：変形卵（球形になっている）　右：無卵殻卵（卵殻がない）

予防

むやみに発情させない。カルシウムやビタミンD_3の摂取、定期的な日光浴などで適切な飼養管理を行う。

朝、鳥の体重を計測し、腹部を見たり触ったりして確認する、など。

卵の異常
卵塞症（卵秘、卵詰まり）

原因

卵があるのに、産卵できない状態のことを卵塞症（卵詰まり、卵秘）という。

一般的には排卵後24時間以内に産卵が行われるので、腹部に卵の形が触知されてから24時間以内に産卵されない場合、卵塞と考える。

卵は卵管子宮部や膣部に停滞し、卵管の中に卵が残り産卵されない状態を「卵停滞」、卵の通過障害（機械的卵塞）を「難産」と呼び分ける。

原因には低カルシウム血症による卵管もしくは卵管子宮部の収縮不全、卵形成異常、環境ストレスによる産卵機構の急停止、何らかの原因による卵管口の閉鎖などさまざま。

発生

初産や発情による過産傾向の鳥に頻発。

穀類主体の食餌、カルシウムやビタミン剤、ミネラル剤が与えられていない、日光浴が充分でないといった場合に発生する。

症状

床にうずくまるなどの元気消失、腹部の膨満、イキミ、食欲不振、呼吸の促迫など。

発情が終了し、腹囲が縮小することで卵

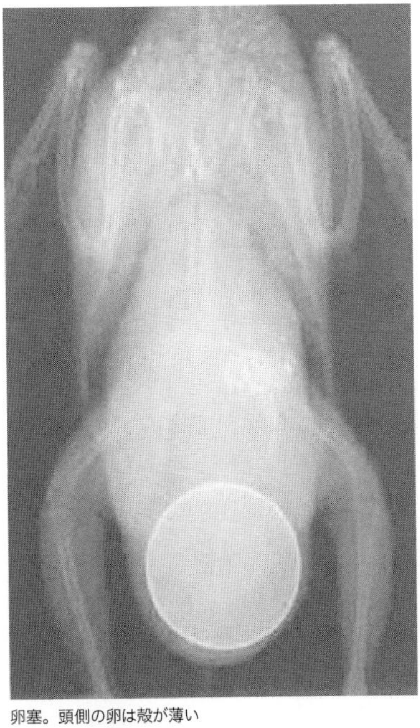

卵塞。頭側の卵は殻が薄い

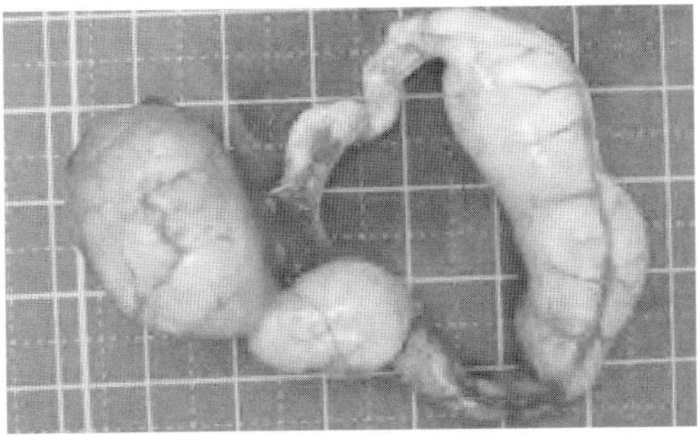

手術で摘出した卵管。中に卵が4つ入っている

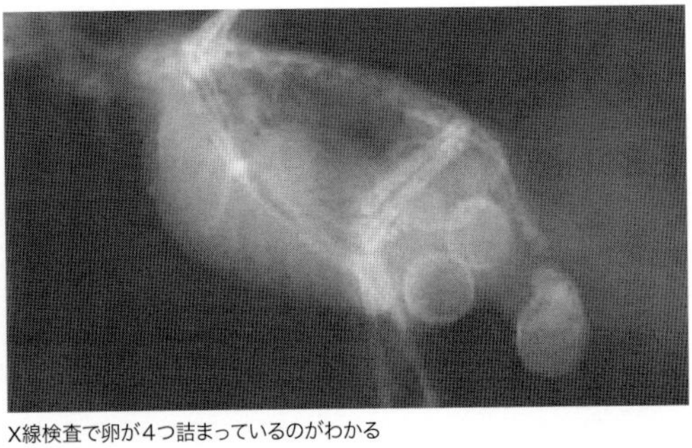

X線検査で卵が4つ詰まっているのがわかる

塞が生じるケースも。

無症状の鳥が突然、発症し落鳥するケースもある。

治療

腹部から塞卵を触診し、卵の硬度の確認を行う。

カルシウム剤やビタミンD_3を投与することで卵殻の形成を促す。

指で卵を押して強制的に排出させる方法(卵圧排出処置)を行うことがある。

腹部に卵が確認されてから一日以上経過している場合、あるいはイキミなど卵塞症状がみられる場合は卵塞と診断し、腹部を圧迫しながら手で卵を取り出す。

卵管口が充分に開いていない場合や、卵管に卵殻が癒着してしまっている場合は、卵を体内で砕いてから摘出することもある。

摘出が困難な場合、自然に排出されることを待つこともあり、圧迫による卵の排出が難しい場合は、開腹手術を行うケースも。

卵を排出したあとは卵管脱や排泄腔脱になることが多いため、消炎剤や卵管や排泄腔の損傷からの感染を防ぐため抗生剤を用いた内科治療を行う。

排出が難しい場合は、開腹手術により外科的に卵を取り出し、その際は卵塞を繰り返さないよう、卵管を摘出することがある。

予防

飼い鳥では一年中の発症がみられるが、寒暖の差が大きい晩秋から早春にかけて、特に多く発生する。

卵が確認されたら速やかに保温に努め、産卵に時間がかかる時は動物病院での受診が必要。

日ごろから発情を予防する。

卵の異常
異所性卵材

卵や卵材の逆流などにより、卵材が卵管以外の場所に漏れ出てしまう病気で、腹膜炎を起こして急激に状態が悪化することがある。

- **卵墜性異所性卵材症:** 卵巣から排卵された卵黄を卵管采が卵管に取り込めず、腹腔内に落ちてしまう症状。腹膜に炎症を起こす原因となる。
  過剰な発情による過剰な排卵が原因と考えられる。
- **逆行性異所性卵材症:** 卵材が卵管を逆行して腹腔内に落ちてしまう症状。腹膜炎や臓器の癒着の原因となる。
- **破裂性異所性卵材症:** 外傷や炎症、腫瘍などが原因で卵管の破裂が起こり卵材が腹腔内に落ちてしまう症状のこと。腹膜炎や臓器癒着の原因となる。

症状

異所性卵材が生じてから多くの場合は無症状のまま経過する。病状が進行すると、食欲不振、膨羽、傾眠、多尿、下痢、違和感から腹蹴りなどがみられる。

突然、急激な腹膜炎が生じ、ショック状態になり突然死することも。

また、卵材の癒着により腸閉塞や肝炎が生じ、膵臓へ癒着して膵炎・糖尿病へと発展するケースもある。

治療

血液検査や画像診断の所見から予測することは可能だが、開腹以外での確定診断は困難。

初期の異所性卵材症では経過観察とな

ることも少なくない。

外科的摘出では、開腹して卵の中身を吸引し、さらに卵をつぶし、殻などの固形物も癒着した部分を剥離しながら卵材の摘出を行う。

内科療法としては腹膜炎に対して消炎剤、発情抑制剤などが使用され、急性症状には抗ショック剤が使用される。

予防

外傷を防ぐこと。カルシウムやビタミンD_3の欠乏を防ぐ、発情を抑制する、など。

卵管蓄卵材症。開腹手術により摘出した卵材

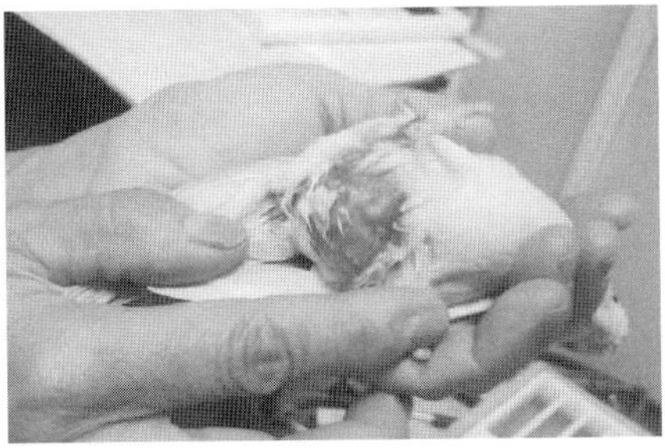

膨大した腹部（卵蓄）

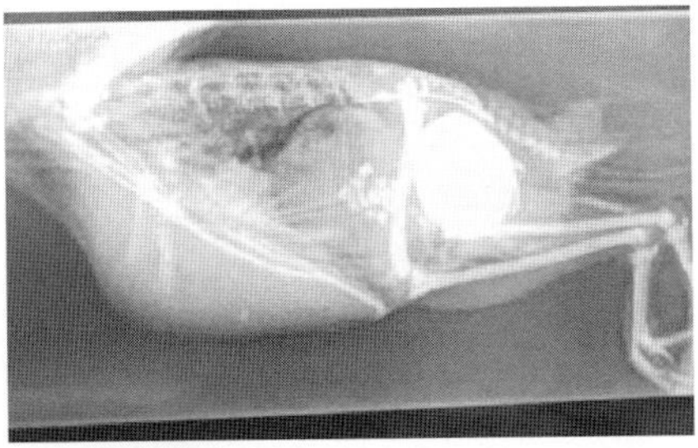

卵管内に卵材が停滞している

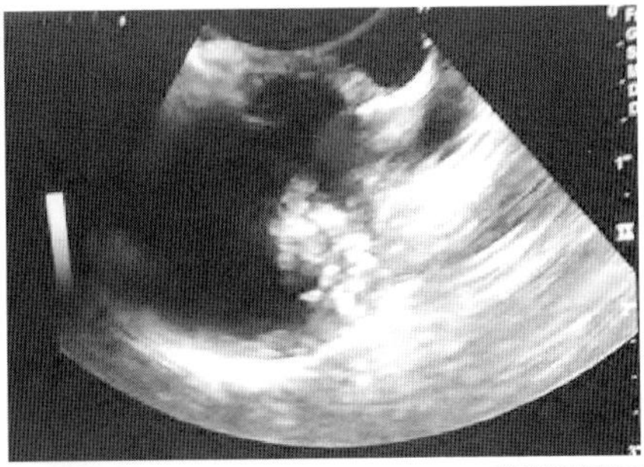

超音波検査で確認できる卵材の一部

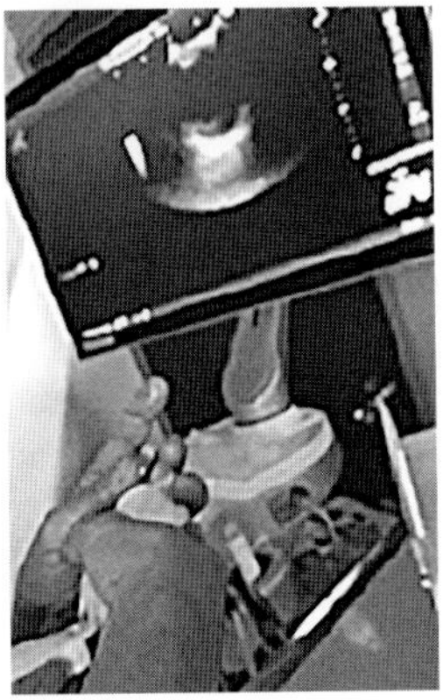

腹部超音波（エコー）検査

卵巣・卵管の異常
卵管蓄卵材症（卵蓄）

原因

何らかの原因で異常分泌された卵材が排泄されずに卵管内に蓄積されてしまう。

卵材は卵黄、卵白、卵殻膜、卵殻などを原材料として、半固形状のものから、液状、粘土状、砂状、結石状、完成形に近い卵状まで、さまざまな形態や量で卵管内に存在する。

明らかな原因は不明。

過剰な発情や持続性の発情によるエストロジェンの過剰分泌、分泌された卵材が卵塞や嚢胞性卵管、卵管腫瘍、卵管炎などにより引き起こされる蠕動運動の異常などによって排泄が障害されることが原因か。

過剰産卵傾向のある鳥で異常卵を産卵した後や卵塞後に産卵が停止して腹部が膨らんでいる鳥では、卵管蓄卵材症が疑われる。

症状

腹部の膨大により気づかれるため、腹腔内にある卵材の蓄積が少量の初期に気づかれることは稀。

異所性卵材や卵管炎が併発した場合、食欲不振、膨羽、傾眠、多尿、下痢などの症状がみられることも。

治療

卵材を満たした卵管が触知できることがある。X線検査や超音波検査で蓄積した卵材を確認する。

多くの場合、卵管蓄卵材症の診断は開腹後となる。

発情抑制や消炎剤の投与などで一時的に蓄積された卵材が減量されることもあるが、通常、卵管口からの排泄はなく、完治には卵管摘出手術が必要。

予防

予防は卵塞症と同様。

卵巣・卵管の異常
総排泄腔脱・卵管脱

原因

総排泄腔が反転してしまい排泄孔から脱出した状態のものと、卵管口が充分に開いていない状態で産卵しようとし総排泄腔が反転、膣部が伸展して内部に卵がぶらさがったままの状態のものがある。

卵管脱は卵管口が弛緩して卵管が反転し、排泄孔から卵管が脱出した状態のこと。からだの外に出てしまった患部が乾燥や自咬によって腫脹すると、自然に正常な場所（体内）に戻ることが困難になる上、二次細菌感染を起こしやすくなり、広範囲に壊死しやすくなる。

産卵後、卵管や総排泄腔に炎症や腫脹が残ると、イキミが持続して反転・脱出が生じることがある。

また、産卵時に卵管口が充分に開口せず、イキミが強い場合には、卵を体内に残したまま総排泄腔が外転し、脱出することがある。

その他にも生殖器の腫瘤や腫瘍による圧迫や、全身状態の悪化などから総排泄腔脱を起こすことも。

症状

卵塞後、特に卵質異常による卵塞時に発生しやすく、初産あるいは過産卵傾向の鳥に多い。

鳥の肛門部から赤いものが出ていることにより気づかれる。

通常、疼痛から元気消失、食欲不振、膨羽、沈うつなど。患部の自咬や出血がみられることも。

卵管脱や総排泄腔脱では体腔内に戻す処置が遅れると患部の壊死や乾燥が起こり、所定の位置に戻らなくなり、排泄障害が出るため予後不良となる。

治療

脱出した卵管や総排泄腔は、早急に体腔内に戻す必要がある。

湿らせた綿棒などを用いてからだの中へ患部を押し込む。

再び脱出してしまう場合は、排泄孔を縫

合し、脱出を防止する。

処置後に消炎剤、抗生剤、発情抑制剤などを用いることも。

卵管脱では卵管摘出が必要となることも少なくない。

予防

繁殖による卵管脱、排泄腔脱の場合、予防は卵塞に準ずる。

総排泄腔脱。総排泄腔粘膜が反転して脱出している

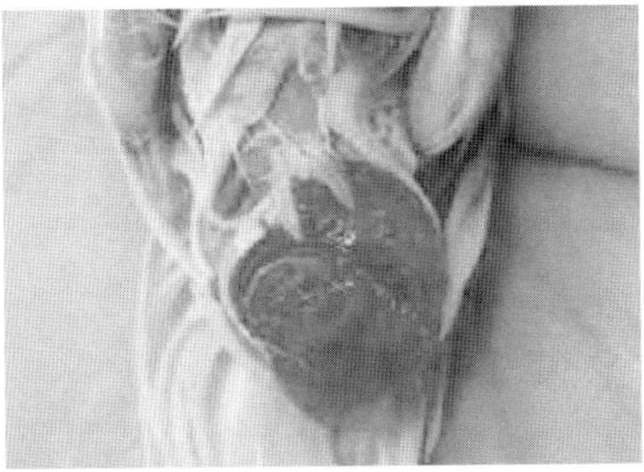

卵管脱。ラズベリー状の粘膜が脱出している

卵巣・卵管の異常
卵巣腫瘍

原因

卵巣腫瘍とは卵巣に発生する腫瘍の総称。卵巣腫瘍では、腫瘤のみが形成される場合もあるが、嚢胞の形成を伴うことも多い。

症状

多くは無症状のまま経過。

腫瘍が大きくなると腹部が大きく膨らみ、圧迫による食欲低下、嘔吐、排便障害、左足の麻痺、呼吸器圧迫による呼吸困難を示し、徐徐に衰弱する。

治療

X線検査や消化管造影検査で骨髄骨や卵巣の拡大を確認する。

腹部の膨大がみられる時は、超音波検査で体腔内の腫瘤または嚢胞の確認、腹水の有無などを確認する。

鳥の場合、卵巣摘出手術は高いリスクを伴うため、黄体ホルモン製剤、抗エストロジェン剤、性腺刺激ホルモン放出ホルモンなどを用いた内科的治療が主に選択される。

予防

むやみに発情を繰り返したり、持続したりすることのないよう、鳥との関わり方や飼育環境を見直す。

卵巣・卵管の異常
黄色腫（キサントーマ）

原因

黄色腫は血管外に漏出したリポタンパク質を貪食したマクロファージが集合したもの。

腹部黄色腫は持続的な高脂血症により、皮膚が黄色に変色して肥厚している状態のことをいう。主に腹部にみられる。

繁殖に関連した黄色腫は、エストロジェン過剰による高脂血症と過剰な抱卵斑形成、ヘルニアによる皮膚の過剰伸展などが関与すると考えられる。

症状

皮膚は黄白色になり、徐徐に肥厚する。

血中のコレステロール値や中性脂肪値を測定すると、正常の上限を大きく超えていることが多い。

発情が治まると黄色腫の多くは消失。自咬や出血がみられることもある。

治療

黄色腫が問題を起こすことは少なく、軽度の場合は発情の終了とともに消失するため、積極的な治療は行わない。

自咬がある場合はカラーを設置する。発情抑制、高脂血症を抑える薬、食餌制限などを実施することも。

予防

発情を抑制する。

オスの繁殖期に関わる病気

精巣腫瘍

原因

精巣は熱に弱いため、哺乳類では体腔内ではない陰嚢に存在する。鳥の場合、飛翔に有利なように精巣は体腔内にあり、気嚢と隣接した位置で常に呼吸で冷却されているが、発情期には増大して各臓器と密着するため、持続的な発情下にあると精巣は高温に長時間暴露されることになり、腫瘍化しやすくなる。

精巣腫瘍では、セルトリ細胞腫、精上皮腫、間細胞腫、リンパ肉腫、あるいはこれらが混合した腫瘍などがみられる。

症状

エストロジェンを分泌する細胞が腫瘍化、増殖した場合、メス化が起きる。

X 線ではエストロジェンによって生じた骨髄骨が確認できる。なかには症状を呈さないこともある。

- **メス化行動：**メスの発情期にみられる交尾受容姿勢をとる。
- **腹部膨大：**エストロジェンの働きによるメス化で腹筋が弛緩し、腹部が膨大する。
  精巣の肥大や腫瘍の増大によって腹水が生じて、さらに腹部の膨大が顕著になる。
- **呼吸器症状：**腫瘍によって気嚢や臓器が圧迫されることにより、呼吸が促迫する。腹水が呼吸器に流れ込むと咳や呼吸音の異常がみられるようになる。
- **体腔内出血（血腹）：**体腔内で急性の出血が起こり、血液が貯留した状態になる。
- **足の麻痺：**過剰な発情により腫大した状態が続くと、精巣が坐骨神経を圧迫することがあり、それによって足が不完全麻痺を起こすことがある。

治療

精巣の摘出手術によって完治する可能性はあるが、摘出術は高いリスクを伴う難しい手術である。

内科的治療としては、発情抑制剤が用いられる。

末期で腹水が溜まってきたら利尿剤の使用や穿刺による腹水の除去が行われる。

予防

発情を抑制する。

過剰症

塩化ナトリウム（塩）

原因

鳥が自由に飲水できれば過剰症は発生することはない。塩土やミネラルブロックの過食や、塩分の含まれるヒトの食品を食べることによって発症することがある。

症状

塩化ナトリウムの過剰摂取は多飲多尿を招き、脳浮腫と出血から中枢神経症状、運動失調、けいれん、死亡を引き起こすことがある。

予防

塩土やミネラルブロックを過食させない（特に発情期）。塩分が添加されているヒトの食品を与えない、など。

塩土とボレー粉は少量を分けて与える

タンパク質の過剰

原因

幼少期は成鳥の約2倍のタンパク質が必要なため、幼鳥用の飼料は高タンパク質の配合となっている。

それが自立不全により幼鳥用の飼料をさし餌で長期間に渡って与えることになり、タンパク質の過剰が生じる。

また、エッグフードや卵由来の鳥用クッキーなど、高タンパクな副食を日常的に与えてタンパク質の過剰が生じることもある。

症状

成長阻害、削痩、血中尿酸値の上昇が目立ち、高尿酸血症によって多飲多尿となり、腎不全を起こす恐れがある。

肝臓では肝障害が認められることも。

予防

愛鳥のライフステージにあった飼料を与える。

水中毒（水分過剰症）

原因と発生

水分はからだに必要不可欠だが大量に摂取すれば有害な作用をもたらす。

親鳥は幼鳥の発育段階に応じて餌の水分の量を少しずつ減らすが、人工育雛の場合、飼育者が幼鳥の発育段階を意識せず、水分量の多いさし餌を与え続けると水中毒を発症しやすい。過度に水分の多いさし餌によって、低栄養状態になるだけでなく、血液は希釈され、低ナトリウム血症、水中毒を発症して衰弱する。

成鳥でも過剰に水分を摂取すると低ナトリウム血症や水中毒を引き起こす恐れがある。

症状

特にオカメインコにおいて衰弱、嗜眠、

死亡が観察されている。深刻な電解質異常では、脳障害、消化器障害、腎不全などから死亡する。

予防

そのうに溜まった水分の多いエサ、多尿、便色の変化などで疑われる。

育雛用の飼料の水分量を適正に調整することで症状は改善する。

多飲症の鳥では水分を摂りすぎないように飲水量を減らす。

人工育雛を行う際には、さし餌を幼鳥が食べられる硬さで与え、様子をみて若干、軟らかめに調整して与えることで、過剰な水分摂取を予防する。

シードジャンキー

原因

脂質は栄養素の中でもっとも高カロリーで、ヒマワリやアサノミなどの脂肪分の多い種子を主食として長期に渡り与え続けられると、脂質過剰となり肥満を起こし、脂肪肝や心疾患の原因となる。

発生

鳥種専用の種子混合餌としてヒマワリやサフラワーなど脂肪種子が配合されていることも少なくなく、これらの飼料を主食として与えることで脂質過剰になりやすい。

症状

脂肪分の摂取過剰によるカルシウムの吸収不良や脂肪肝、肥満、下痢、など。

コレステロール分が高い食餌はアテローム性動脈硬化の原因となる。

高脂血症には抗高脂血症薬、肥満がある場合は食餌制限、脂肪肝がある個体では強肝剤などが治療に用いられる。

予防

肥満の原因にもなる高脂食を避け、愛鳥のライフステージにあった適切な飼料を与える。

ビタミンの過剰

水溶性ビタミンではなく、主に体内に蓄積される脂溶性ビタミンが問題となる。

ビタミン剤やサプリメントの過剰投与や、ペレットとサプリメントに添加された脂溶性ビタミンの重複などによって発症する。

- **ビタミンD：**許容量が狭いことから過量投与になりやすい。多尿、元気･食欲低下、下痢、跛行などの症状がみられる。ビタミンD_3の過剰摂取による高カルシウム血症から、心不全、けいれんなど、成長期では骨格の形成異常を引き起こす。サプリメントやペレットでビタミンD_3を過剰摂取させないようにし、日光浴による生合成で補うようにする。
- **ビタミンA：**一般飼い鳥では稀。過剰摂取した場合、食欲低下、体重減少、眼瞼の腫脹･痂皮形成、口および鼻孔の炎症、皮膚炎、骨強度の低下、肝障害、出血傾向などがみられる。
- **ビタミンB_6：**水溶性ビタミンの一種だが、過剰に摂取すると排泄能力の限界を越えることがある。

予防

ビタミン剤を投与する際には、適切な容量を用いる。

中毒

重金属による中毒

原因

経口摂取した鉛や亜鉛などの重金属の毒性によって起こる病気。カーテン裾に仕込まれたウェイト、筋トレ用の錘、ワインのフタ、鏡の裏、古いペンキ、釣りの錘 、はんだなどが、飼い鳥が重金属中毒を引き起こす原因になる。

100円ショップなどで低価格販売されている金属製のアクセサリーやキーホルダーなどにも高濃度の重金属が使用されているため注意が必要。

特に放鳥中、飼い主が愛鳥から目を離して単独での行動が日常化されているような鳥においては、異物を摂食してしまうことが多く、重金属中毒の発生率も高い。

小型の鳥の場合、ごく微量の鉛の摂取でも中毒を発症するため、原因になった鉛を特定できるケースは稀。

好奇心が旺盛でクチバシの力が強く、グリッドを胃に蓄える性質などから、オカメインコに多くみられる。

他にも肥満や疾病で食餌制限を受けていたり、発情期に適切なミネラルが与えられていなかったりという鳥において発症のリスクが高まる。

また、新しいものに興味・関心を持ちやすい若鳥は、発生リスクが高い。

症状

重金属の毒性は鳥のすべての組織に影響を及ぼし、血液、造血器系、神経系、消化器系、腎臓、肝臓に強い影響が認められる。

鉛などの重金属を摂食した後、数時間で症状がみられ、いったん発症すると進行は急速で、数時間で死に至ることもある。

重症度は摂取した重金属の種類や質、量、粒子の大きさなどに左右される。

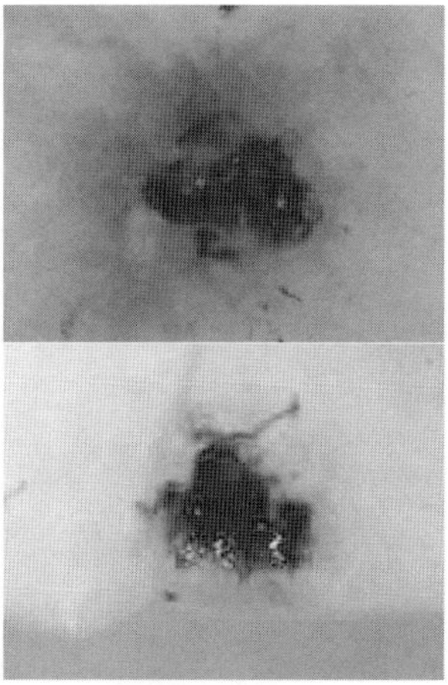
重金属中毒に伴う濃緑色便

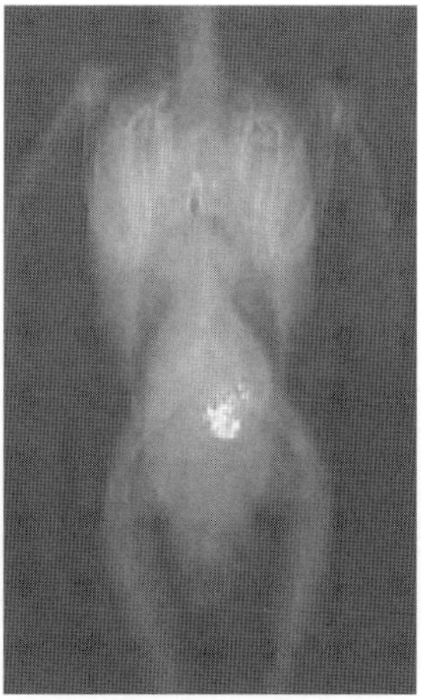
X線検査による重金属を疑う陰影

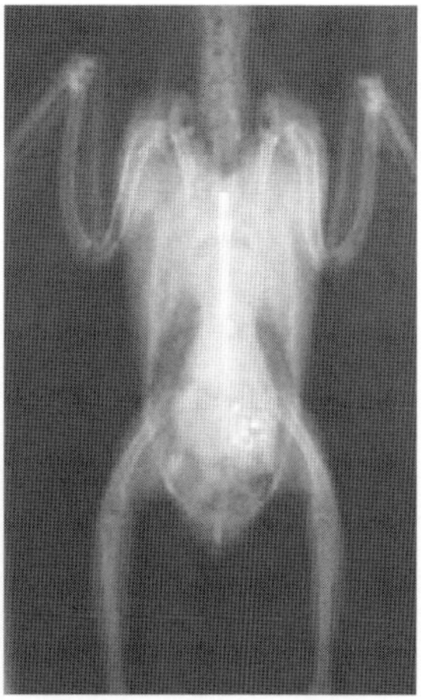
重金属中毒による下痢

- **迷走神経障害：**腺胃の拡張をはじめ、各消化器官のアトニー（筋肉が弛緩すること）により、食滞や便秘が生じる。これらによって食欲の減退、悪心、吐出、嘔吐、痛みによる活動の低下、膨羽、沈うつ、嗜眠、前かがみ姿勢、腹部のついばみ、腹蹴りなど腹痛による症状がみられることもある。
- **末梢神経障害：**翼が下垂し初列風切羽がクロスせず、翼の振戦やストレッチする。片側あるいは両側性の足麻痺がみられる。

  跛行、足の挙上、握力の低下、ナックリング、開足姿勢、止まり木から落下するなど。

  ほかに頭部の振戦（無意識の揺れ）、頭部下垂、胸筋の萎縮などがみられることがあり後遺症を残すこともある。
- **中枢神経障害：**興奮、パニック、沈うつ、凶暴化などのほか、重篤な例では、けいれんを起こし後遺症として残ることや、死に至ることもある。
- **泌尿器症状：**鉛による急性溶血反応から尿酸の色が黄色から緑、赤へと変化する。
- **消化器症状：**便は溶血により深い緑色になり、尿へも影響し、尿部分が薄い緑色の輪染みのようにみえることや、鉛の直接的な消化管への障害による粘液便がみられることも。

▶中毒の原因になる金属を含んでいる可能性のある身近なもの

ストラップ、キーホルダー、チャーム、ペンダント、ネックレス、ブローチ、ブレスレット、ファスナー、カーテンの錘、トレーニング用のウェイト（リストウェイト、アンクルウェイトなど）、ボルト、ナット、ねじ、電球の基部、防腐剤、塗料、染料、絵の具、ワイヤー、金網、コイン、一部の陶磁器（釉薬）、バッテリー、メッキ、肥料、農薬、殺虫剤、除草剤、医薬品、サプリメント、電子部品、顔料、合金、アルミホイル、アルミ缶（蓋）、ワインの蓋、食品添加物、ミョウバン、半導体など

※有害な金属が必ず含まれているとは限りません。材質や材料はパッケージ裏などを見て確認しましょう。

オカメインコが使用するおもちゃや遊具は、できるだけ自然素材や固いプラスティック製のものを選びましょう。

消化器に関わる病気

口腔内の病気
口内炎

原因

口内炎とは、口の中や口の周辺の粘膜に起こる炎症の総称でビタミンAの欠乏や細菌や真菌、寄生虫の感染が主な原因となる。

口内炎の原因はカンジダなどの真菌やトリコモナスが多く、口腔内の傷が原因になることもある。

破損したおもちゃや木片、ワイヤーを咥え口腔内に傷が生じたり、鳥同士のケンカにより舌に傷を負ったりすることもある。

ヒナの場合、加熱し過ぎたさし餌による口腔内のやけども口内炎の原因に。

放鳥中に通電コードを咬み切ってしまい、その際に感電し、舌や口腔内にやけどを負って口内炎が生じることも。

症状

口内炎が生じると、鳥は口腔内の違和感からしきりに口や舌を動かす、頭を振る、食べたそうにしているのに食べられない様子、食欲不振、吐出、嚥下困難、よだれ、口角の汚れなどの症状がみられる。

咽頭炎ではあくびのような症状が頻発する。

診断と治療

口腔内のプラーク、あるいは分泌物の顕微鏡検査、培養検査、PCR検査を行う。

口内炎は二次感染を伴うことが多いため、抗生剤・抗真菌剤を用いることも。栄養の改善も行う。

予防

栄養バランスに留意し、主食をペレット食にするか、シード食では日光浴に加え総合栄養剤を常用し、ビタミンAやビタミンD_3の欠乏に注意する。

ヒナのさし餌や病鳥の強制給餌は口腔内に傷ややけどができないよう細心の注意を払う。

壊れたおもちゃなど鋭利な部分があるもので遊ばせない。

鳥同士のけんかに注意する。誤飲や誤食を防ぐため、観葉植物や鳥のクチバシに入ってしまうような小さなものを放鳥する部屋に置かない、など。

食道炎・そのう炎

食道やそのうの粘膜が炎症によって傷つき、びらんや潰瘍が生じたものを食道炎やそのう炎という。

原因

食道炎・そのう炎は口内炎に続発してみられることもある。

- **外傷性**：過度に熱したさし餌の温度を確認しないままヒナに与えてしまうことによる熱傷、フードポンプ（シリンジ）によるヒナへの給餌や、強制給餌の際に用いられるビニールチューブによる傷などが主な原因。放鳥中、壁や窓へ激突することによる損傷、鳥同士、あるいは他の動物による咬傷により、食道やそのうが傷ついたことが食道炎やそのう炎の原因になることもある。
- **感染性**：細菌性そのう炎は稀。食道やそのうには消化する機能がなく、オカメインコがフルーツや白米、パンなどの加熱調理された炭水化物や糖度の高い食物を与えられ消化に時間がかかり、そのう内に長時間、滞留して発酵が進み、カンジダ(真菌)や細菌が増殖してそのう炎の原因になることもある。

● **栄養性：**ビタミンAの欠乏により、重層扁平上皮化生を起こしたそのう粘膜は、カンジダが感染しやすくなり、そのう炎や食道炎の原因となる。

症状

食欲不振、嘔吐、吐出がみられ、さらに重度の食道炎・そのう炎になると痛みから首を伸ばした姿勢が見られるようになる。

頸部からそのうや食道にかけて、発赤《ほっせき》、腫脹《しゅちょう》、肥厚、症状がさらに悪化すると食道内の炎症に加え、膿みが溜まった状態になり、消化物の通過障害や気道の閉鎖による呼吸困難が生じる。熱傷や創傷《そうしょう》(体表組織の損傷)が悪化すると、そのうに穴が開いた状態になることがあり、エサや飲み水がそのうから漏れ出し、羽毛の汚れがみられる。

治療

そのうの状態を視診や触診で確認。

病原体の検出には顕微鏡検査や培養検査を行い、抗生剤や抗真菌剤などを用いて原因となっている病原に対する治療を行う。

予防

腐敗しやすいエサを与えない。食べ残しはすぐに取り除く。

加熱されたデンプンや糖類を多く含む飼料を避け、ビタミンAを適切に給与する。

冷えや寒さ、環境変化など、食滞の原因となるようなストレスは、できるだけ取り除く。

ヒナがさし餌でやけどをしないよう、さし餌は攪拌し、毎回、温度計を用いて、適切な温度であることを確認してから与える。

さし餌や強制給餌では、できるだけスプーンを用いて安全にさし餌を行う。

ビタミンの供給など栄養面の改善も大切だが、脂溶性ビタミンの過剰摂取が問題となることもあるため、適切な量を供給する、など。

そのう結石・そのう内異物

そのう内に結石が形成されたり、異物が入り込んだりする病気。

原因

そのう結石は石のように硬くなった異物のことで、大きさは小さなものから、数cmにおよぶものまでさまざまで、主に尿酸から形成される。

種子の殻や他の結石などの異物を核として、そこに排泄物の摂食(食糞癖)をすることにより、体内に取り込まれた尿酸が沈着し、結石が形成されると考えられている。

フリース素材や毛布、毛糸、綿、じゅうたん、服の繊維などの異物を長期間にわたって摂食し続けた結果、そのうの中にそれらが蓄積し、結石状に固まって形成されることもある。

症状

吐き気や吐出、食欲不振など。無症状というケースも。繊維物によってできた異物の場合、繊維の中で食物のカスなどが腐敗し、口臭や下痢、嘔吐の症状を現すこともある。

治療

そのうの触診によって異物が確認されることがある。X線検査で診断される。繊維のようにX線に写らない場合は、消化管のX線造影検査を行う。

通常はそのうを切開し、外科的に結石や異物の摘出を行う。結石や異物が小さい場合には、圧迫や牽引によって口腔内から取り出すことができる場合も。

予防

ケージ内に排泄物が残ったままにならないようこまめに清掃を行う。

ケージの中に糞きり網を設置し、排泄物の摂食を防ぐ。

クチバシが届くところに洋服やタオル類を置かないようにし、繊維物の誤食を防ぐ、など。

そのう停滞

原因

そのうに食物または飲み水が長時間、滞留したままの状態にあることをそのう停滞という。

そのうの蠕動《ぜんどう》運動が低下した場合と、そのう内のエサが通過不全に陥った場合との二つの原因が考えられる。

治療

消化管の運動を改善して食物の排出を助けるため、蠕動促進薬《ぜんどうそくしんやく》の投与や、輸液を行う。

滞留したエサ内での悪玉菌の繁殖を抑えるために抗生剤や抗真菌剤も投与する。

そのう内の腐敗物を取り除きエサがそのう内で固まっている場合は、ぬるま湯を飲ませてそのうをマッサージし、そのう内容物をチューブで取り出す。

完全閉塞している場合は、外科的な摘出手術を行う。

異物の摂食に要注意

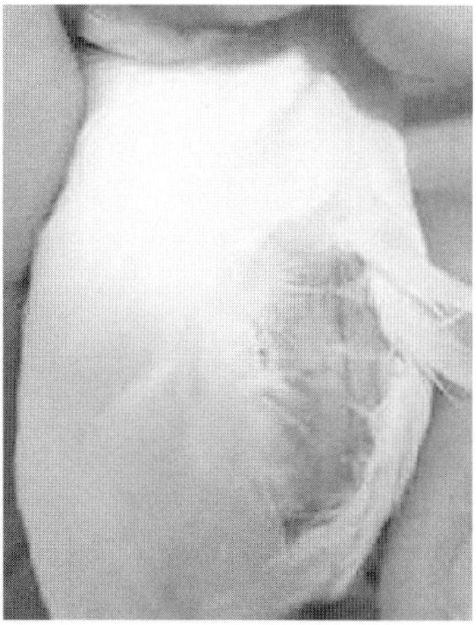

そのうが著しく拡張し、腹部まで至っている

予防

さし餌期には適切な飼料を選び、説明書をよく読んだ上で、湯の量や温度など正確に調合する。

さし餌を与える際には、そのうの状態を見て、前回の餌が適切に消化されているかを確認したうえで適切な量を与える。

餌の消化を促すために、ヒナに対して適切な保温を行う、など。

グリッドインパクション

原因

筋胃(砂嚢)がグリッドで埋まってしまい、食べた物や飲んだ物の消化不良や通過障害を起こす。

塩土やボレー粉、焼き砂などを大量に食べ過ぎて生じることがある。

症状

突然の嘔吐と食欲廃絶、それに伴う絶食便、膨羽、傾眠など。

治療

グリッドインパクションは単純X線検査による仮診断が可能。

グリッドインパクションの場合は粒餌を停止し、ペレットやえん麦を与える。

ボレー粉による閉塞の場合は自然に溶解することもあるが、消化器内の通過や磨耗・溶解が困難な場合は、外科的な摘出が必要。

予防

グリッドを与える場合は与え過ぎに注意し、塩土を与える時は細かく砕いて少量のみ与える。

腸の疾患
腸炎

原因

腸の粘膜が炎症を起こし、出血などが生じる。感染性のものと非感染性のものに分けられるが多くは細菌性。

幼少期の感染症(PBFD、BFD、CHLなど)のほとんどは急性症状として腸炎を起こす。

寄生虫性の腸炎も多く、回虫、コクシジウム、ジアルジア原虫などが腸に問題を起こす。

真菌性のものでは、カンジダが多くみられる。

症状

下痢が一般的な症状で、オカメインコなど、水の少ない乾燥地帯が原産の成鳥の場合、水分の少ない排泄物で下痢はわかりづらさがあるが、下痢の場合、尿酸と便がはっきり分かれていない、便が形を留めていないといった特徴がみられる。重症の場合は粘血便となる。

下痢以外の症状としては、食欲不振や膨羽、嘔吐、腹痛から腹蹴りなど。

治療

症状や検便によって暫定的に診断する。

X線検査では腸管の膨大や腸管内のガス貯留像が確認できる。下痢が強い場合には脱水症状を起こしやすいため、輸液や下痢の症状を改善する薬を使用する。

腸内の細菌バランスを整えるため、生菌製剤や抗生剤、抗真菌剤などが使用されることもある。

消化不良が原因の時は消化剤が使用

される。消化しやすく、腸への刺激性が少ない処方食や流動食を与える。

予防

鳥種や鳥の状態にあった適切な栄養を与えて腸内環境を整えることや清潔な環境で適切に飼育する。

総排泄腔の疾患
総排泄腔炎

原因

総排泄腔内で生じた炎症のことを総排泄腔炎という。

総排泄腔から尿や便を鳥は排泄するが大腸に便が滞留する時間は短く、総排泄腔に長く貯留されるので、総排泄腔は細菌性の炎症が起きやすい。

総排泄腔脱後や卵塞後など、総排泄腔が物理的に損傷を受けて炎症が起きることや、尿石や糞石による総排泄腔の損傷、ウイルス性の乳頭腫症により炎症を起こすことも。

症状

軽症の場合、症状はみられない。症状が進むと総排泄腔の汚れや腫れ、重度となると総排泄腔の疼痛からショック状態となり、膨羽、傾眠、食欲減退や血液の付着した便がみられることがある。

細菌性の場合、異臭を伴う。総排泄腔炎から総排泄腔脱が起きることもある。

治療

腹部を圧迫し、総排泄腔を反転させて診断する。それが困難な場合は内視鏡を用いて内部の観察を行う。

感染を予防するために抗生剤および抗真菌薬を用いて治療を行う。

予防

自咬による総排泄腔炎では、行動を改善するためのアプローチ(向精神薬や認知行動療法)が効果的か。

肝臓の疾患
肝リピドーシス(非感染性疾患)

肝リピドーシスとは、脂質の代謝障害によって肝臓に脂肪が大量に蓄積した状態のことをいい、脂肪肝とも呼ばれる。

原因

肝細胞における中性脂肪の蓄積が放出や分解を上回ることによって生じる。ヒマワリの種などの脂肪分が多く含まれるエサの過剰摂取や、運動量が不足している中での過食などが原因となる。

偏ったアミノ酸バランスの食餌、肝機能低下や肝障害、糖尿病によっても脂肪肝が生じる。

症状

急性と慢性に分かれる。

- **急性の肝リピドーシス：**換羽や寒さや暑さなど飼育環境の変化、産卵などをきっかけに、食欲不振による脂肪動員(空腹時や運動時など、エネルギーが不足すると脂肪細胞に蓄えられた脂肪が加水分解され、脂肪酸とグリセロールとなって血中に放出される現象)によって脂肪肝が悪化し肝機能が障害され、さらに食欲が減退するという悪循環が生じる。すると、膨羽、沈うつ、黄色尿酸、嘔吐などの症状がみられるようになり、状態が悪化すると突然死することもある。飼い鳥が食欲を失い突然死する原因の一つとして急性の肝リピドーシスがあげられる。

● **慢性の肝リピドーシス：** 慢性的な脂肪肝によって肝機能が障害されると、活動量が減り、食欲も減退する。クチバシの過長や羽毛の形成不全（羽毛の変色、羽毛の変形、羽毛の成長不良など）がみられる。また、肝肥大と脂肪の蓄積によって気囊スペースが圧迫され、呼吸困難が生じることも。

治療

X線検査では肝肥大が、血液検査では高脂血症が認められる。慢性的な脂肪肝の鳥では、良質なエサへ変更を行い、強肝剤や高アンモニア血症の予防薬を用いながら緩やかな食餌制限を行う。

予防

栄養バランスのとれた良質な飼料を与え、体重管理を行い、肥満を防止する。鳥にストレスをもたらす急激な環境の変化にも注意が必要。

中毒性肝障害

原因

胃腸管から吸収された物質のほとんどは、肝門脈（消化管を流れた血液が集まって肝臓に注ぐ部分の血管）を通じて直接、肝臓に流入するため、肝臓は中毒性物質による障害が生じやすい。

● **肝毒性をもつ物質：** 肝臓で代謝される薬品の多く／化学薬品（ヒ素、リン、四塩化炭素など）／植物（セイヨウアブラナ、セネシオ・ジャコ ベア、トウゴマ、ドクニンジン、オレアンダー、カタバミ属、ミジンコウキクサ属、タヌキマメ属、綿実など）／サプリメント（ビタミンD3）／重金属（鉛、銅、鉄など）／微生物（細菌や真菌など）

中でも特に強い肝毒性をもつ物質は、真菌が産生したアフラトキシンである。

症状

急性、または慢性の肝疾患徴候が生じる。

治療

重金属以外は中毒物を摂取した証拠を明らかにすることは困難であるため、飼育者から鳥が何を食べたか聴取し、支持療法を行うとともに、対症療法（解毒強肝剤など）が行われる。

摂取直後であればそのう洗浄が有効。胃洗浄は麻酔下で行う必要があるためハイリスクとなる。

毒素が吸収される前であれば、活性炭を用いた解毒が有効なことも。

予防

鳥が触れる場所（ケージ内および放鳥する室内）には、鳥にとって毒性のあるものは置かない。

アフラトキシンの検査が行われていない飼料や外国産のナッツ類は与えない、など。

落花生（特に外国産）には要注意

イエロー・フェザー・シンドローム
（肝疾患によって生じる病気）

原因

羽毛が黄色化する疾患をイエロー・フェザー・シンドローム（Yellow Feather Syndrome）という。

YFSがもっとも多発するオカメインコのルチノー種では、全身の羽毛が黄色に変色する。

症状

全身の正羽が変色するが、特に背部の羽毛の変色が目立つ。

肝不全が改善されると、換羽の後、黄色の羽毛はまばらとなる。

軽度な症例は無症状なことが多いが、肝疾患や高脂血症が進行すると羽毛変色、羽毛形成不全がみられる。

オカメインコのパール因子を持つ鳥ではもともと黄色羽毛が存在するため鑑別には注意が必要。

慢性肝疾患徴候や甲状腺機能低下症、糖尿病、高脂血症に伴う症状が併せてみられることもある。

治療

通常、血液検査を行うが、肝臓の状態を正確に把握するためには肝生検が必要。

検査の負担により高アンモニア血症からけいれんを起こすことがあるため、状態によっては検査が省略されることも。

治療は肝機能の改善と高脂血症の改善を主に行う。

肥満がある場合は食餌制限による減量と適度な運動を行えるよう環境調整する。

予防

栄養バランスのとれた食餌への見直しを行う。

肥満の防止、運動不足の解消など。

肝機能の低下により羽毛が黄色に変色したオカメインコ（ルチノー）

呼吸器の病気

鼻　炎

原因

鼻汁、くしゃみを主な症状とする鼻腔内の炎症を鼻炎という。

- **感染性：**一般的な細菌や真菌によるものが多いが、時にはマイコプラズマ、クラミジアの感染が原因となる場合も。
  ウイルスや寄生虫による鼻炎は稀。
  副鼻腔は複雑な洞窟のような構造で炎症を起こすと、病原体や膿の排泄が難しく、慢性化膿性副鼻腔炎となることも。
- **非感染性：**さまざまな物質に対するアレルギー反応として鼻炎を発症することがあり、ほかの鳥の脂粉に反応し鼻炎を発症する例も確認されている。
  鼻粘膜が過敏な鳥では寒冷や興奮、運動などの体温の変動に伴い、鼻粘膜が刺激されて鼻炎の症状を呈することがある。
  稀にエサの吸入やビタミンA欠乏による角化《かくか》亢進《こうしん》、腫瘍などが原因となることも。

症状

鳥のくしゃみは口を閉じたまま頭を横に振るような動作がみられ、鼻水を飛ばすこともある。

軽度の鼻炎では乾性のくしゃみや鼻孔やろう膜の発赤、進行すると鼻汁を伴うくしゃみ、鼻漏《びろう》(鼻水)と、それに伴う鼻孔周囲のロウ膜や羽毛の汚れが認められる。

重篤化あるいは慢性化すると、膿性鼻汁、鼻孔の縮小·閉鎖、鼻垢《びこう》(鼻糞)や鼻石による鼻塞、鼻音、また、完全閉塞による頬部や頸部の気嚢の呼吸時拡張、あるいは開口呼吸などの症状がみられる。

インコ·オウム類では両側の鼻腔に症状が見られることが多い。

副鼻腔炎では首を振る動作や顔を止まり木にこすりつけるような動作がみられる。化膿による口臭で気づくことがある。

膿の貯留や肉芽《にくげ》の膨隆が重度となると、副鼻腔領域が膨隆し、眼球の突出やクチバシの形成不全、不正咬合などが生じることも。

治療

検査によって検出された病原に対して効果の高い薬剤を使用するとともに、二次感染を抑える抗生剤を使用する。

抗生剤を使用して改善がみられない時には真菌感染を疑う。鼻垢· 鼻石が存在する場合は外科的な摘出が必要となる。

予防

ビタミンAの欠乏に注意する。換気の不足や糞尿に汚染されたケージや飼育用品は環境アンモニア濃度を上昇させ、鼻粘膜のバリアを弱くするため衛生管理が重要となる。

咽頭炎・喉頭炎

原因

咽頭の炎症を咽頭炎、喉頭の炎症を喉頭炎という。

咽頭炎や喉頭炎は鼻炎・副鼻腔炎、あるいは口内炎の続発症として生じる。

原発性の咽頭炎・喉頭炎としてはオカメインコの螺旋菌症《らせんきんしょう》が有名。

症状

咽頭炎では、首振り動作やあくび、嘔吐などに加えて、むせるような連続性の乾性の咳や食欲不振が生じることも。

治療

顕微鏡検査で炎症細胞が観察される。口腔内の消毒やプラークの外科的な切除が行われる。螺旋菌の駆除には、抗生剤が使用される。

予防

鼻炎の予防に準ずる。螺旋菌症は日和《ひより》見《み》感染として起こり、健康な鳥では問題を起こさないため日ごろからの健康管理が肝要。

肺　炎

原因

肺が炎症を起こす病気で、大別して感染性と非感染性のものがある。

- **感染性：**細菌性肺炎の原因はマイコプラズマやクラミジアによる肺炎、アスペルギルスによる真菌性肺炎が一般的。

  寄生虫性やウイルス性の肺炎も稀にみられる。
- **非感染性／中毒性：**PTFEガスによる重篤な炎症がしばしばみられる。ほかにもさまざまな刺激性、中毒性の気体の吸入によって肺炎が生じる。
- **アレルギー：**同居鳥（白色系バタンやオカメインコ）の脂粉に対してアレルギー反応を起こし、過敏性肺炎が生じることも。
- **誤嚥性：**フード・ポンプ（シリンジ）を用いたさし餌や、チューブを用いた強制給餌の際に誤って流動食を気管内に注入し、誤嚥性肺炎を起こす。

  麻酔中の嘔吐や、衰弱し呼吸の荒くなった鳥に行う薬剤の経口投与は、誤嚥性肺炎を招きやすい。
- **その他：**卵巣や卵管から体腔内に落ちた卵材が気嚢を経て肺に流入し、肺炎を起こすことがある。

  肺にタンパクや脂質が溜まり、炎症を起こす肺炎も稀にみられる。

症状

軽度の場合、運動や保定後の開口呼吸や呼吸促迫などの呼吸困難症状。

症状が進行するとスターゲイジング、チアノーゼ、起立困難、意識低下などの重度の呼吸困難症状とともに、喘鳴《ぜんめい》や咳、痰の排泄がみられるように。

重度になると安静にしていても、これらの症状が現れ、肺出血から喀血《かっけつ》がみられることがある。

治療

診断はX線検査によって行われる。呼吸困難によりX線検査のリスクが高いと考えられる場合、症状から暫定的な診断がなされる。

原因物質の特定は、肺からの採取が困難であるため、気管や気嚢から採取する。

肺炎は特に予後が悪いため、早期発見、早期治療が望まれる。呼吸困難が生じている鳥では酸素吸入を行う。

二次感染が病態を悪化させるため、抗生剤、抗真菌剤の投与を内服とネブライザー（吸入）治療で行う。ステロイドが使用されることもある。

誤嚥性肺炎では、誤嚥物質が異物として炎症と細菌や真菌の繁殖を促すため、細菌や真菌の増殖を抑えながら、異物を除去、あるいは異物の無害化を待つ。

フッ素加工樹脂の吸入中毒や心不全など、肺水腫を起こす疾患では、肺に貯留した液体を除去するための利尿剤が使用される。

呼吸困難の改善のために気管支拡張薬が使用されることもある。

テフロン加工された調理器具は正しく安全に使用する

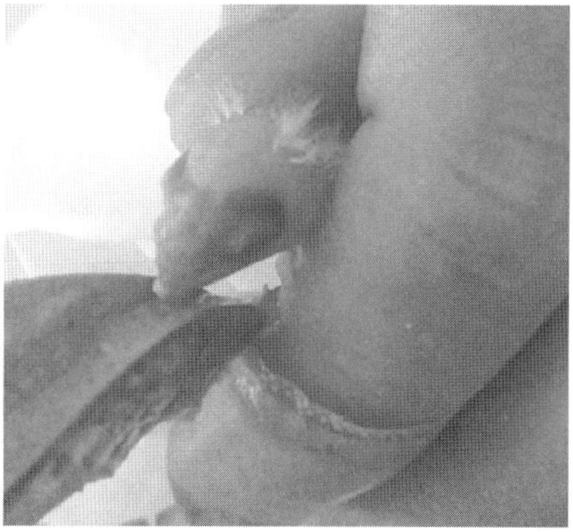

ヒナの飲む力を生かしたさし餌で誤嚥防止を

気管閉塞

原因

種子やナッツ類などを食べる際に誤嚥して気管を閉塞するケースのほか、感染症や炎症により気管内に肉芽組織が形成され、気管を閉塞するといったことが原因に。

症状

気管の閉塞が軽度の場合は、異常な呼吸音などがみられます。重度になると呼吸困難がみられ、完全閉塞では突然死することも。

治療

X線検査や硬性鏡検査、CT 検査で診断を行う。軽症例は対症療法で治療する。気管の閉塞が重度の場合には、内視鏡や外科手術による異物の除去が必要。

予防

環境や食餌の内容には日ごろから留意し、ケガや病気に注意する。

さし餌や強制給餌、薬剤の強制経口投与は口腔内の創傷や誤嚥の原因になりやすいので、無理はせず慎重に行う。

放鳥する際には危険物を取り除き、異物の誤嚥を予防する、など。

開口呼吸

内分泌の病気／神経の病気

内分泌の病気
甲状腺機能低下症

原因

代謝の促進などに働きかけるホルモンを分泌する甲状腺の機能が低下し、代謝が障害される。

原因はまだよくわかっていないが、原発性の機能低下症ではなく、ヨード不足による栄養性の原因が考えられている。

症状

換羽の異常や羽毛の色の異常、羽の形成異常、脱羽、長い綿羽が多量に生えるなど。

オカメインコでは綿羽が過長する綿羽症とともに、羽毛の色彩異常がみられる。

脂質の代謝障害を起こすため、肥満や高脂血症を併発することも。

治療

羽の異常など特徴的な症状から暫定的な診断を行い、投薬で改善がみられれば甲状腺機能低下症と診断する。

予防

ヨード不足を予防し、栄養バランスの整った食餌を与える。

神経の病気
脳挫傷／脳震盪

原因

脳挫傷は頭部を強打するなどの要因により、外傷を受けた際に頭蓋骨の内部で脳が衝撃を受け、脳そのものが損傷を受けることによって起こる。

脳震盪は軽度の頭部外傷によって一過性で生じる意識障害や記憶障害のこと。

飛翔時やパニック時の激突、殴打による頭部打撲などが原因となる。パニックを起こしやすいオカメインコに頻発する。

症状

意識障害や運動麻痺など。脳挫傷では脳に器質的損傷が伴う。 脳浮腫や血腫、頭蓋内圧の上昇も伴い、脳に重大な障害が生じる。

意識障害や運動麻痺に加え、斜頸《しゃけい》、旋回、瞳孔《どうこう》不《ふ》同症《どうしょう》(神経の麻痺により瞳孔の大きさに差が生じる)、瞳孔反射の遅延、嘔吐、けいれんなどの症状が併せてみられることも。

治療

脳震盪であれば15分以内に回復するので触れずに安静にする。

意識が15分以上経っても戻らない、あるいは症状が残っている場合は、脳挫傷を疑った治療が行われる。

抗ショック効果の高いステロイド剤や頭蓋の内圧を下げるために利尿剤などが用いられる。

予防

放鳥する部屋のガラス窓にはカーテンをする。

落下しても良いよう布団を敷き詰める。不適切な羽根のクリッピングをしない、など。

目の病気／耳の病気

目の病気
白内障

原因

高齢鳥に白内障がみられる場合、主に加齢性のものと考えられる。

外傷や細菌感染、内科的な疾患に白内障が続発することも。

症状

目の中心が白濁して視力が落ち、行動に変化がみられるようになり、徐徐に視力を失う。

治療と予防

鳥の白内障手術はリスクが上回るため行わない。栄養を改善することなどが予防となる。

目の病気
結膜炎

原因

主に細菌感染や異物、外傷などが結膜炎の原因となる。

感染性の結膜炎では、一般的な細菌のほか、マイコプラズマやクラミジア等の細菌感染が原因に。

鼻腔や副鼻腔などの上部気道疾患から続発することもある。外傷性で多いのは、同居鳥とのケンカ。

症状

結膜に充血、発赤、涙の増加、目やに、目をしょぼしょぼさせるなどの増加がみられる。

治療

抗生剤や抗炎症剤などの内服薬や点眼薬を用いる。

耳の病気
外耳炎

原因

細菌感染が主な原因となるが、稀に真菌が関わり、外耳が炎症を起こす。両耳性の場合は免疫異常なども疑われる。

症状

外耳孔周囲の羽毛が筆のように滲出液によって汚れて固まっていることから気づかれる。

治療

抗生剤が主に用いられる。

予防

湿気が多く、雑菌が繁殖しやすい梅雨から夏の時期にかけては、特に注意が必要。飼育環境の衛生状態には常に気を配る。

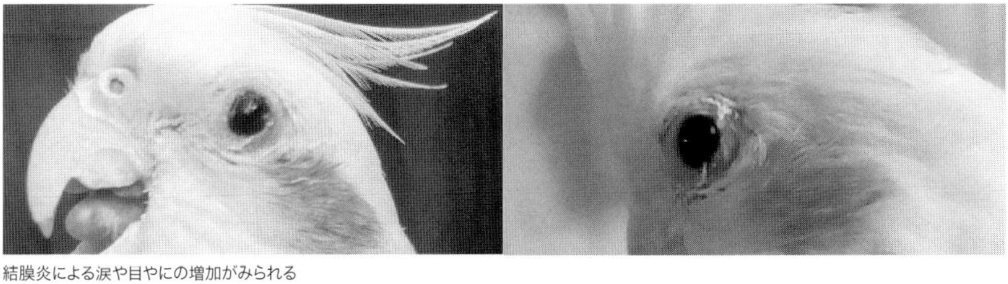

結膜炎による涙や目やにの増加がみられる

皮膚の腫瘤／趾瘤症（バンブルフット）

皮膚の腫瘤

原因

非腫瘍性のものとしては、感染などで発生する膿が溜まってしまう膿瘍、炎症病変の一つである肉芽腫、皮膚組織に炎症系細胞が蓄積する黄色腫、生えてきた羽が出口を失い、皮膚内に腫瘤状に形成される羽包嚢腫など。

腫瘍性のものには、尾脂腺に発生の多い腺腫や腺癌、皮膚や粘膜の表面の細胞が増殖し盛り上がるウイルス性が疑われる乳頭腫、潰瘍のように見えることもある扁平上皮癌、リンパ組織の腫瘍であるリンパ肉腫、メラニン色素の腫瘍である黒色腫、稀に肥満細胞腫など。

皮下の腫瘍である脂肪腫や脂肪肉腫、胸腺腫もよくみられる。

症状

いろいろな腫瘤の形態がある。脂肪腫や膿瘍、羽包嚢腫、黄色腫など、特徴的な外見から診断されることも。

診断

FNA（細い針を刺し腫瘍細胞を回収する検査）を行い、細胞診で診断する。

細胞診で診断できない場合は、病変組織を外科的に採取して、顕微鏡などによる病理組織診断が必要に。

からだに負担のかかる侵襲を伴う検査ではあるが、悪性腫瘍である可能性を考えると早めの実施が推奨される。

治療

黄色腫などは高脂血症の治療や食餌制限によって消失することもあるが、自咬がひどい場合は患部の摘出を検討することも。

腫瘍性のものは早期の摘出がとても重要。摘出後は、再発予防のため抗腫瘍効果が期待される薬剤を投与することも。

予防

皮膚の腫瘤の徴候はないか日ごろから鳥のからだをよく観察し、小さな異変も見逃さず、早めに受診する。

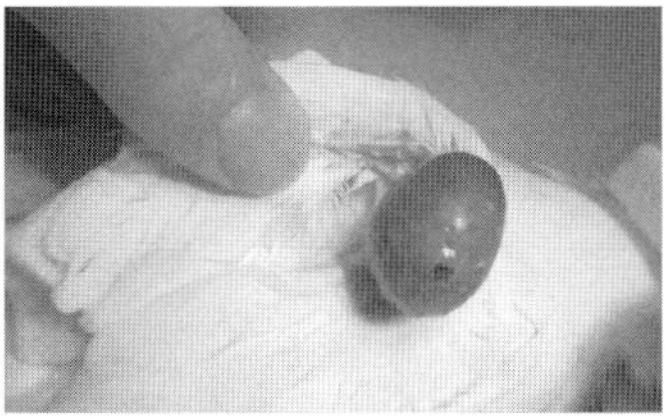

翼にできた皮膚腫瘤

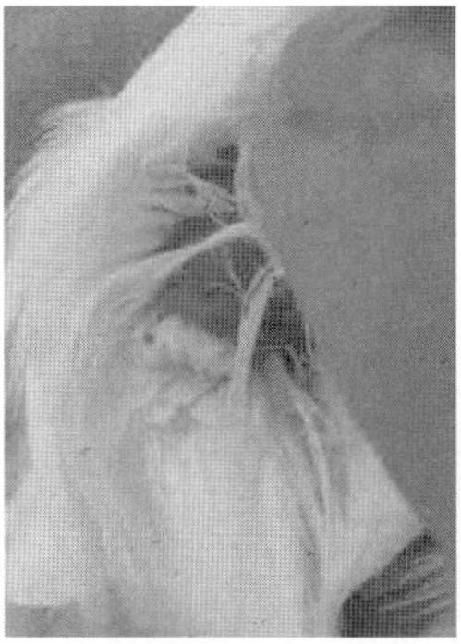

羽包嚢腫。慢性的な刺激による

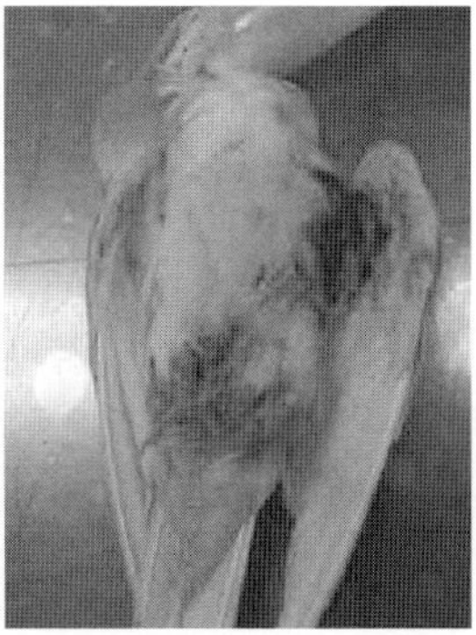

羽にできた扁平上皮癌

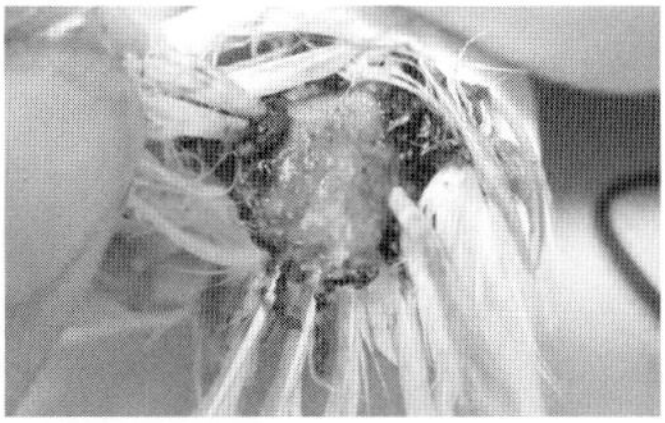

尾脂腺にできた腫瘍

趾瘤症（バンブルフット）

原因

体重過多、高齢などで握力の低下による足底部への負重増大、片足の障害による健常な足への負重増大、不適切な止まり木などが主な原因となり、足底部が炎症や肉芽腫によって腫れる。

障害を受けた足底部に細菌（ブドウ球菌など）が感染し、症状がさらに悪化する。

症状

初期の段階では、趾底部指紋の消失、発赤などが認められる。しだいに発赤部が広がって潰瘍が形成され、皮膚が肥厚する。

出血や疼痛による跛行、足挙上などの症状がみられる。感染が生じると炎症は重度となり、肉芽が増殖して趾瘤が形成される。

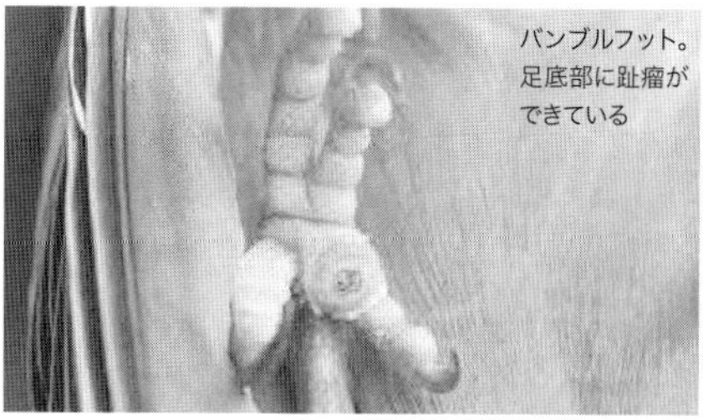
バンブルフット。足底部に趾瘤ができている

治療

止まり木を外して足底にかかる負重を軽減する。

原因や症状によって抗生剤や消炎剤、血行促進剤などが使用される。重症例ではバンテージの使用や肉芽腫の外科摘出が必要。

予防

足底の負担を軽減するため肥満を予防すること、プラスティック製などの硬すぎる止まり木を使用しない。止まり木を清潔に保つ。

▶バンブルフットについて

鳥の足裏にしこり（肉芽腫）ができて、痛みを伴う症状をバンブルフット（趾瘤症）といいます。肥満や疾病による体重の増加、老化やケガによる握力の低下、硬さや太さの合わない止まり木の使用による足裏の負担などが原因となります。

初めは足の裏がわずかに赤くなったり腫れたりしますが、発見が遅れがちです。症状が進むと痛みから足を浮かせ、じっとする姿がみられるようになります。

バンブルフットを予防するために、おやつを控え、運動の機会を与えるなどして肥満を防ぎましょう。体重が増加すると足裏にかかる負担も大きくなります。

また、病気もバンブルフットの一因になりますので適切な栄養管理も大切です。

ケージに付属されているプラスチック製の止まり木は硬すぎるため、加工木や自然木の止まり木を用います。鳥が止まり木を掴んだ時に、前後の趾の間隔が止まり木の1／3程度が太さの目安となります。爪の伸びすぎを防止するサンドパーチは足裏も削れてしまうため日常使いには不向きです。傷口から細菌感染することがあるので、止まり木やエサ箱など足裏の触れる部分を清潔に保ちましょう。

心因性の病気

自咬症

原因

ストレスなどの心因的なもの以外に、疼痛や掻痒、麻痺、付着物、体腔内の炎症を取り除こうとして、その部位を自咬することも。

刺激に敏感な神経質な鳥に多くみられ、自咬自体が自己刺激行動となり、刺激を取り除いた後も自咬が続くことがある。

症状

自らのからだを咬み、傷つけることを自咬症といい、クチバシ以外に爪によってからだを傷つけることもある。

脇や翼下、足、趾などが好発部位で、クチバシの届かない頭部以外の全身にみられる。

クチバシに血がついているようであれば自咬を疑う。

自咬した部分は出血し、傷口に細菌感染が起こると化膿しやすい。自咬は鳥の場合、たいへん危険な問題行動のひとつで、時には傷害部の皮膚感染から敗血症が生じて自咬を契機に死亡することもある。

治療

クチバシでからだを傷つけないよう、カラーを装着する。カラーを嫌がり激しく暴れる、エサを食べないといった場合は向精神薬が試される。

通常、傷を覆うための包帯やテーピングの処置は鳥の場合は行わない。

傷に対しては抗生剤、消炎剤、鎮痒剤などが使用される。

予防

疼痛などによる自咬は早期に発見・治療することで、その後の自己刺激行動を予防する。

自己刺激行動化してしまい、自咬が日常化してしまった場合は、カラーを常時、装着することが自咬の予防となる。

心因性多飲症

原因

精神性疾患のひとつ。

ほかに多飲・多尿が原因となる病気としては、糖尿病や甲状腺機能や副腎皮質機能の異常、腎疾患などが考えられる。

症状

ストレスや緊張、不安、葛藤など、心理的な問題がある時に大量の水を飲むことで精神の安定をはかろうとし、著しく多量の飲水を行い、多量に尿を排泄する。

飼い鳥が一日に飲む水の量は、その鳥の体重の10〜15%で、体重に対して20%未満の飲水量であれば正常の範囲だが、それ以上に水を飲みすぎると水中毒（低ナトリウム血症）となり、元気消失・食欲低下、嘔吐などがみられ、重度の場合けいれんや昏睡を起こして死亡することがある。

治療

体重に対して20%以上の飲水がみられる場合、多飲多尿症を疑う。

スクリーニング検査として血液検査を実

施し、全身状態を確認してから飲水を制限する。

水の多飲によって水中毒となった場合は、電解質の補整のための輸液を行う。

パニック

原因

パニックを起こす理由として大きな群れの中で生活すること、障害物の少ない乾燥地帯が原産であること、夜間視力が低いことなどが考えられる。

ルチノーに多発する理由としては、遺伝的な素因が疑われる。

症状

パニックは神経質な鳥にみられる行動でオカメインコ(特にルチノー)に多く発生する。

夜間、暗闇の中で起こることが多い。

突然、激しく暴れ回る。通常、突然の物音や明滅、出現、地震などの刺激によって生じる。

一羽が暴れると、集団でのパニックを起こすこともある。

治療

外傷が生じた場合その治療が行われる。パニックが頻回な場合は、向精神薬が試される。

予防

夜間に灯りをつけておく。外傷を減らすため、夜間はプラスティックやガラス製のケースの中で休ませる。

飼育ケージの中には余計な物を入れない、など。

事故・外傷

外　傷

原因

咬傷(同居の鳥、犬猫、自咬など)によることが圧倒的に多い。

屋外での凍傷、電撃傷(体内に電気が通電して起こる損傷)、化学損傷(薬品による組織の損傷)なども稀にみられる。

症状

皮膚の損傷、出血、炎症など。外傷部位によっては機能障害が生じる。(歩行障害、飛行障害、摂食障害など)。

治療

汚れがひどい場合は、水道水や低刺激性の消毒薬などで洗い流す。

患部に塗り薬を塗布すると舐めてしまい副作用が生じる恐れや、患部を気にして自咬に発展する恐れがある。

壊死した部分や傷口の異物を除去し、創部を専用の薬剤によって湿潤に保ち、組織の再生を促す。

傷が汚染されている場合や治癒に時間がかかる場合には抗生剤を投与する。

疼痛によって食欲が減退する例では鎮痛剤が使用される。大きく開いた傷は縫合が必要となることもある。

予防

放鳥中、愛鳥から目を離さない。

放鳥の際にほかの鳥のケージに着地して、内側から足を齧られてしまうことのないよう注意する。

鳥同士のケンカによる
左趾の欠損

筆毛出血

原因

新しく生えかけの正羽(筆羽、筆毛)は栄養供給を行うための血管が発達していて、筆毛を損傷すると重度の出血が生じる。

筆羽の損傷は通常、パニック時の打撲や羽咬、衝突事故などが原因となる。

症状

血液が供給されている筆羽が傷つくと激しい出血を起こす。

治療

裂傷と鑑別するため、折れた筆羽を探し、出血が止まらない場合や筆毛が損傷している場合には出血している筆羽を引き抜く。

予防

自咬を防ぐ。パニックを起こしやすい鳥は、夜間、狭い透明ケースに入れる、など。

熱中症

原因

夏場、締め切った部屋の中や、冬場の保温のし過ぎなどによって熱中症が生じる。

著しく高い温度や急激な温度変化、水分不足による蒸散の妨げ、疾患などによる体温低下機構の障害などによって熱中症が生じる。

脳をはじめ、生命を維持するうえで重要な臓器に回復不能な損傷を与えることがある。

症状

高体温により、開口、縮羽、パンティング呼吸、開翼・開足・伸首姿勢などの高体温徴候や脱水症状がみられる。

さらに体温が上昇すると脱水から虚脱、脳障害からけいれんが生じて死亡する。

体温の低下に成功しても、高体温障害により膨羽して全身状態が改善しないまま死亡することも。

治療

環境温度の低下とともに、輸液などの適切な治療を行う。

予防

開口、パンティング呼吸、縮羽、開翼・開足・伸首姿勢などの高体温徴候がみられたら、すぐに環境温度を適切に低下する。ケースでの保温や移動の際には必ずケース内に温度計を設置し、こまめにチェックする。

骨　折

原因

骨折とは、骨が持つ強度以上の外力が加わったために、ひびが入ったり、折れたり、砕けたりした状態のこと。

主に外部からの強い圧力(激突、踏みつけ、挟まれ事故など)によるが、くる病や過産卵、骨腫瘍などで骨自体が弱っていると、小さい圧力で骨が折れてしまうこと(病的骨折)がある。

症状

四肢の場合、骨折端より先がぶらぶらとする。骨折部位の腫脹や内出血による黒色化、開放骨折では出血あり。椎骨の骨折では対麻痺(両下肢の運動麻痺)がみられる。

治療

触診やX線検査で診断。断裂せず、折れ曲がった状態の骨折は、ギプスの固定を行うが、断端(切断面)のずれた骨折では、外科手術が必要な場合も。

小型鳥ではピンを骨髄にいれて補強するピンニング手術が主で、大型鳥では骨にピンを垂直に刺す創外固定が必要となることがある。

予防

骨を強く保つよう、適切にカルシウムとビタミンD_3を与える。放鳥中の事故に注意する、など。

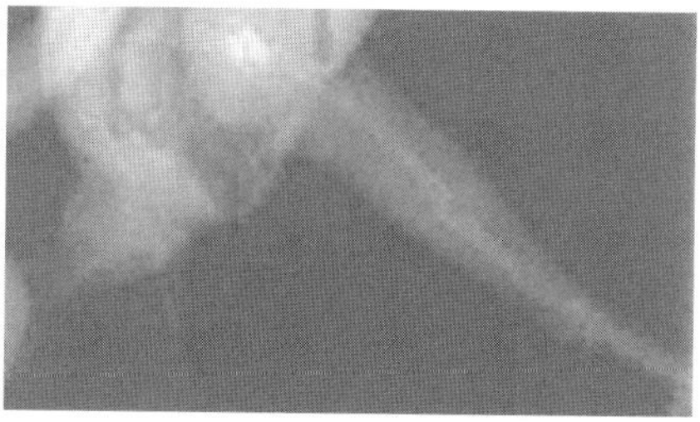

X線検査で脛骨骨折が確認される

Chapter 12

飼育下における
環境エンリッチメント

環境エンリッチメントの考え方

環境エンリッチメントとは

環境エンリッチメント(environmental-enrichment)とは、「動物福祉の立場から、飼育動物の幸せな暮らしを実現するための、具体的な方策」のことを指します。

動物の飼育環境に刺激や変化を与え、動物たち本来の望ましい行動を引き出すことによって異常行動を減らし、動物を心身共に正常な状態に導くという考え方です。

これは主に、動物園や水族館の展示動物や、家畜、実験動物などが対象になっていますが、飼育下にあるオカメインコたちにも当てはめて考えることができます。

生活の質の向上

昨今ではオカメインコの習性や食性、病気に対する理解も深まってきました。

食餌や医療も進歩しましたが、毛引き症や自咬症、発情過多のように、オカメインコたちに見られる異常行動は、減少しているとはいえない状況です。

オカメインコに限らず、飼育動物のそういった問題行動の背景には、飼育環境があまりにも退屈で変化のないものであることが、研究者らによって指摘されています。

例えば飼育ケージ。衛生面や安全面への配慮から安定感があり、清掃しやすく、持ち運びやすい単純な形をしたものがほとんどです。

清潔で安全なことは良いことですが、その中で暮らすオカメインコたちにとっては退屈なものかもしれません。

飼育下にあるオカメインコたちの置かれた環境は、長い時間をかけて野鳥のオカメインコたちが適応してきた、雄大なオーストラリア内陸部での自由で過酷な暮らしに比べると、単調で変化に欠けた暮らしになりがちといえます。

採食エンリッチメント

飼い鳥用のエサ箱・水入れもまた、ケージと同様に衛生面や使いやすさ、安全面を第一に設計されています。

オカメインコは体内に食物を蓄えることをしないので、飼育下での絶食は命とりですから、彼らは常にエサと水がある状態で暮らすことになります。

その結果、飼育下にあるオカメインコたちは、それでなくても狭いケージの中を、食物を求め探しまわる必要はなくなり、ケージの中で自主的に行動する機会が失われています。

コンパニオンバードはいつでも食べたい時に好きなだけ食べられるようになり、肥満が問題視されるようになりました。

動物心理学者のグレン・ジェンセンは、動物実験の結果、「飼育下にある動物たちは、何の苦労もなく手に入る目の前の山盛りの食物より、同じ食物でも苦労して自らの手で獲得することを好む」、ということを明らかにしました。

この実験により、高等哺乳類にとどまらず、飼育下にあるインコでも同様の結果が得られたといいます。

インコたちも、目の前にある大量のエサより、たとえ中身は同じものであっても、木の丸太に隠されたエサを探して食べることを優先したのです。

また、ジェンセンによると、動物園の動物たちに、決まった時間にエサを与え続けることによって、同じ場所を行ったり来たりし続けたり、からだを揺らし続ける、奇声を上げるといった異常行動（常同行動）が見られるようになったといいます。そこで、動物のエサやりの時間を不定期にしてみたところ、動物たちのこれらの常同行動はしだいに減少していったそうです。

この常同行動は、動物の本来の行動欲求が満たされないために、別の行動に転化されたものと考えられています。

この考え方を飼育下にあるオカメインコに応用するなら、例えば、いつものエサ箱ではなく、サイズや形の異なる箱や瓶に入れて、わざとエサを取りづらくして与えてみたり、いつものおやつをわざわざ紙でくるんで隠すようにして与えてみたりすること、そして毎日の放鳥時間をかえてみるといったことなどが考えられます。

空間エンリッチメント

飼育環境の作りや材質などを工夫することが空間エンリッチメントです。例えば、展示されているアナウサギに、姿を隠すことができる箱の隠れ家を与えると、異常行動は激減するといったことがよい例です。

これをオカメインコの暮らしに応用するなら、止まり木を形が一定の成形品だけではなく、太さが均一でない自然の木の枝に替えてみたり、ケージのおもちゃを日替わりで交換したりする、水浴び容器をたまに用意するといったことが考えられます。

環境エンリッチメント

視覚･聴覚･嗅覚･味覚･触覚といった五感に働きかけて刺激を与えるのが環境エンリッチメントです。

オカメインコはフルカラーを認識していますので、色の異なる飼育用品に交換するといった、色彩による刺激も効果があります。また、おやつに野草を取り入れて、いつもとは異なる食感や香りを楽しませることも良い刺激となることでしょう。

そして時には、天気の良い日に窓を開け放ち、ケージごと少し風にあて、野鳥の声を聞かせてみるのも心地よい聴覚刺激になるのではないでしょうか。それがムリなら小鳥のさえずりの入った音源を聞かせてみるだけでもご機嫌で歌いだすことがあります。ほかにも、窓の外の景色など、遠くまでを見渡せるような場所に一時的にケージを移動してみる

といったことも視覚的な刺激に繋がります。

ただ、オカメインコにとって、過剰な臭いや恐怖を与えるような刺激は、かえってストレスの元になることがありますので、無理のない範囲で行いましょう。

社会的エンリッチメント

社会的エンリッチメントとは、他の動物との関わりに着目したエンリッチメントです。

これは種類にもよりますが、特に狭い場所で飼育される動物の場合、単独飼育よりはペアで飼育することにより、行動が多様化することが報告されています。

確かに、たとえ同じケージではなくても、隣のケージ、あるいは別の部屋に他のインコの存在が感じられるだけでも、オカメインコの行動が活発化します。

また、飼育下にあるオカメインコにとって、飼い主や同居家族との心の交流は大切なものです。

ある動物園における研究では、直接、飼育部屋に入って動物とコミュニケーションをとろうとすること以上に、ケージ越しやガラス越しに動物へ声をかけたり、からだの一部を少しだけ触れ合うといったコミュニケーションを密にとるほうが、飼育者は動物と良好な関係になりやすく、動物へ心理的な幸福感を与えやすかったそうです。放鳥時だけでなく、ケージ越しのコミュニケーションも大切にしたいものです。

認知エンリッチメント

動物の知性に刺激を与えることを認知エンリッチメントといいます。

これは、複雑な構造のエサ箱にエサを入れ、操作を行わないとエサが食べられない仕組みにするといったことです。

オカメインコの場合、クチバシだけでなく、頭脳も趾も使って成功するような遊びやおもちゃを取り入れてみるのも良いでしょう。

たとえば、敢えてケージの外側の届くか届かないかという場所に、おもちゃや青菜を吊るしてみたり、金網の下の敷き紙の上に引っ張り出せる程度の牧草を敷いてみたりといったことが考えられます。

エンリッチメントを行う上で気を付けたいこと

単調な暮らしにある飼育下のオカメインコに、非日常的な刺激を与えることで、行動を活性化し、学習能力を向上させ、心理的幸福をもたらすのが、環境エンリッチメントの目的です。

そのためには、愛鳥に与えるおもちゃや青菜を日替わりにしてみる、遊びも飽きないように発展させるといった飼い主さん側の工夫や努力が欠かせません。

また、これらの行為がオカメインコに恐怖を与え、かえってストレスの原因になるようなことは避けたいところです。

米国のことわざに、「クチバシの忙しい鳥は幸せな鳥」という言葉があるそうです。

愛鳥がヒマ疲れすることなく、適度な刺激と遊びに満たされ、楽しく忙しく暮らせるように心がけたいものです。

困った時のQ&A

Q　しつこい咬みつきをやめさせたい

うちのコ(ルチノー　メス2歳)はヒナの時から咬みつき癖があります。父親が咬まれても痛くないといって、指先をわざと突き出して咬ませたり、クチバシをつんつんしたりしていたことが原因だと思います。今となっては父親以外の人にも容赦なく咬みつくようになってしまい、困り果てています。

A　愛鳥にとっての「咬みつく必然性」をなくす

咬みつき行動が日常的にある場合、オカメインコが間違ったコミュニケーションを身に着けてしまったと考えられます。

もともと臆病な性質で知られる鳥ですので、恐怖のあまり無我夢中でお父さんの悪ふざけに対して抵抗しているうちに「攻撃は最大の防御」であることを学んでしまったのかもしれません。「咬みつくことで自分の思いを通し、相手を服従させることができる」と誤学習(勘違い)してしまったのでしょう。

「オカメインコがそうしたい(咬みつきたい)なら、それを受け入れてやりたい」、あるいは、「咬みつかれるのは正直、嫌だけれど、我慢できないほどの痛さではないから」などと言って、咬みつき行動を放っておくと、オカメインコの咬みつき行為は家族によって「容認された行動」となり、さらにヒートアップする恐れがあります。

オカメインコは小型インコの中でも長寿命です。コンパニオンバードとしての一生の中で、時には飼い主さんが不在になる時もあるでしょうし、別離を余儀なくされることがない

とは言い切れません。そうなった時に、手に負えない咬みつきインコでは、いざという時、飼い主さん以外の人に可愛がってもらうことは難しくなってしまいます。

「咬みつくと嫌な手を引っ込めてくれる」とオカメインコが感じているのだとすれば、手袋などを用いて咬みついても無駄であることを教えるのもひとつの手ですが、臆病なオカメインコのことですから、見たことのない手袋をした手に、恐怖のあまりパニックを起こす可能性もあるため、あまりお勧めはできません。

ケージに手を入れただけで激しく咬みついてくるような状態であれば、オカメインコに嫌なことを強いてはいないか、関わり方を根本から考え直すべきでしょう。遊びたい一心でのちょっかいや構いすぎだったとしても、オカメインコの側からすれば、命を脅かされるほどの恐怖を感じていた可能性もあります。

対処ですが、一昔前のインコの飼育書を読むと、咬みついてきた場合はクチバシを摘まんでグラグラさせる、デコピンする、水をかけるなどの「罰」を与える飼育法が書かれていることがあります。しかし、罰を与えると、オカメインコとの関係に修復不能な亀裂が入ることがありますので、行うべきではありません。

愛鳥に咬まれた時には、乗っている指や腕を少し揺らして足場を不安定にしたり、フっと息を吹きかけてみたり、少し押し返してみたりすると、一瞬、そちらに気が削がれて、クチバシを離してくれることがあります。

爪切りや投薬などで保定をする時には、嫌がって激しく咬みついてくることがあるかもしれません。関係性を悪くしないためにも、獣医師やペットショップで爪切りをお願いしたほうがベターですが、タオルや綿棒など、オカメインコが咥えても大丈夫そうなものを与えて、咬ませておくと、処置がスムーズにいくことがあります。保定の時にはオカメインコの首をわずかに引っぱるようなイメージで固定すると、咬みつくことができないようになります。

苦手な指でおやつを見せながら、たくさん優しい言葉と笑顔を添えて、おやつを受け取らせる、といったことを繰り返すのも、指への恐怖心を和らげることに繋がります。

それでもやはり指を咬もうとする時には、おやつは渡さず、ケージからも出さないようにして、「咬むと楽しくないことが起こる」ことを教えます。

また、愛鳥のことを怖いな、と思いながら接していると、びくびくしてしまい、挙動不審な動きとなり、オカメインコの咬みつきを助長する恐れがあります。適切なスキンシップには、ある程度の慣れも必要ですので、あきらめることなく、でも、鳥に嫌われない程度に、堂々と接する練習を毎日、行いましょう。オカメインコの側に「咬まなくても嫌なことをされない」ということが伝われば、咬む必要もなくなるはずです。

オカメインコは臆病で繊細なインコです。咬みつき行動は、その臆病さからの反撃行動であるケースがほとんどです。

コザクラインコなどのラブバードのように、本来、クチバシを積極的に生活の中で使う習性の鳥たちではありません。咬みつき行動に関しては、飼育環境や人との関係の見直しを丁寧に行い、咬まないで済むよう原因を取り除きましょう。

Q ケージに帰ってくれません

巣立ち直前にショップからお迎えして半年少しの男のコ（パイド）です。一度放鳥すると、なかなかケージに戻ろうとしてくれません。最後は鬼ごっこのようになり、険悪なムードになって、無理やりケージに押し込むようにして戻しています。嫌われないか心配です。どうしたらスムーズにケージに戻ってくれますか？

A 「ケージに戻ると良いことがある」ことを教える

ケージに戻りたがらないオカメインコに、どうやって「戻りたい」と思わせるかが肝心です。特に若鳥の場合、好奇心でいっぱいですので、部屋の中を飛び回ります。そんなオカメインコがケージにスムーズに戻れるようにするには、「ご褒美」がたいへん有効です。

放鳥前には少しエサを減らしておいて、おなかをすかせた状態で放鳥しましょう。そして、ケージに戻ってほしい時間になったら、「おやつの時間ですよ」と、優しく声掛けし、インコの好物をチラ見せして、ケージに誘うだけでスムーズに帰ってくれるようになります。（もちろん、ケージに入ったら好物のご褒美は渡します。しっかり覚えたら、おやつを与えるのは数回に一回にしても大丈夫です。）

「外も楽しいけれど、ケージの中に帰っても楽しいことがある」と思わせるのがコツです。「ケージの外に出て楽しく遊んで、戻ったらケージでおやつを食べる」といったように、一連の行動を関連づけて覚えさせるのです。

それが通用しない巣立ち後の若鳥や、迎えたばかりの鳥の場合は、放鳥する際はコンパクトで手が届きやすい部屋や場所を選び、無駄に追いかけまわすようなことのないよう注意しましょう。「飼い主が追いかける→ぼくは逃げる」という、愛鳥にとって楽しい追いかけっこ遊びになってしまうからです。

また、ケージに戻す際には、無理やり掴んで押し込むようなやり方はNGです。「掴まれるのが嫌だから逃げる」となり、さらに捕獲が困難を極めることになります。できるだけ穏便にケージに戻ってもらいましょう。

ケージに戻す際には指に乗った愛鳥の上からそっと片手の手のひらを乗せるようにして、翼の羽ばたきを制御すると、比較的おとなしく手に乗っていてくれます。

Q 自咬が止まらない

独り暮らしを始め、念願だったオカメインコの男のコを迎えて3年目です。テレワークをしていた頃はずっと一緒でした。コロナも落ち着き、会社に出勤するようになると、わたしの留守中に腹部や翼を自分で咬むようになりました。傷口を気にして咬むので、傷が治りません。動物病院の指示で保護カラーをしていたこともありますが、エサをあまり食べなくなってしまったため、今は外しています。わたしと一緒にいる時には自傷行為はみられません。かといって仕事をやめてずっと一緒にいるわけにもいかないので心配です。

A 接するタイミング、関わり方を工夫する

ヒトと暮らしている鳥の中には、「かまってほしい」という気持ちが強くなりすぎて、そのイライラを解消するために代償行為として自咬する鳥がいます。

飼い主さんとの距離が近くなりすぎた、「過保護」が原因といえるかもしれません。

「かまってもらえるのが当たり前」という状況が長く続いてしまうと、遊んでもらえない、出してもらえないという不満を反動として強く感じてしまうのです。

飼い主がどんなに忙しい時でも、今まで同様の密な関わりを求め続け、それが叶わないとなると、自分は大好きな飼い主から見捨てられてしまったのではないかという「見捨てられ不安」が強くなって精神的に不安定となってしまい、毛引きや自咬といった問題行動へと発展します。

わたしたち人は、嫌なことや悲しいことがあった時には、自分で自分のご機嫌をとることができます。例えば、気分がすぐれない時には推しの動画を観たり、気分転換に街を散策してみたりといったことです。しかし、ケージの中で過ごすオカメインコたちには、自ら不安や不満を解消するすべがありません。

手乗り鳥の場合、唯一のストレス解消法が、放鳥タイムであったり、飼い主さんとのふれあいであったりという場合も多いことでしょう。

コンパニオンバードとして生活するオカメインコは、飼い主さんに依存せずに、ひとりで生きていくことはできません。だからこそ、飼い主さんの動向にたいへん敏感で、日常に変化があると不安になり、今まで以上に依存的になってしまうわけです。そうならないためにも、日頃から必要以上にかまわないことを肝に銘じておきましょう。

ヒトの子どもとは異なり、「今日は特別だからね」というのが通じません。今日あったことは明日も明後日も起こるであろうと都合よく期待してしまうのが、かごの中で生活するインコたちなのです。

日常生活が退屈になりすぎないよう、「ケージの場所を変える」、「ケージやケージ内レイアウトを定期的に変える」、「キャリーケースでお散歩、外の風にあたらせる」、「家族以外の人と遊ばせる」、「放鳥の部屋をかえる」など、日々の暮らしにアクセントをつけてみるのも気分転換になります。

また本来オカメインコは群れの仲間と生活を共にする習性のある鳥ですので、極端に長時間、一羽で留守番させるのは無理があるともいえるでしょう。

そこで提案したいのは、「もう一羽お迎えする」という方法です。オカメインコの異性なら尚よしですが、オカメインコに限らず、セキセイインコでもブンチョウでもなんでもよいのでもう一羽お迎えし、互いが見える位置にケージをレイアウトすると、オカメインコのヒマ疲れが軽減され、飼い主さんにも楽しみが増えて一石二鳥です。

このようにいろいろと配慮を行ってみても、まだなお自咬行為が止まらないということであれば、飼育環境（音、光、匂い、振動、温度、湿度など）をよく見直してください。

あるいは、癌や皮膚病、感染症など内科的な疾患があるのかもしれませんので、一度鳥に詳しい獣医師に相談しましょう。

COLUMN

老鳥のケア

毎日、欠かさず世話をしていると、愛鳥の老化による、ゆるやかな変化になかなか気づけないものです。

どんな生き物も、ある日突然、高齢になるわけではありませんから、愛鳥の日ごろの様子をよく観察し、今の生活に支障が出ていないかを点検しましょう。

● 7歳を過ぎたらシニア

20年以上長生きするオカメインコの場合、中年期に差し掛かるのは7歳以降が目安です。

それまでは多少の暑さや寒さにも耐えてきた鳥も、急に朝晩の冷えなどで体調を崩すようになります。

シニア期に入ったら、今までより少し空調管理に気を付けてあげたいものです。

● エサはいつものものを

高齢になったオカメインコは、若い頃と違って保守的な傾向があります。

今まで食べ慣れていたエサや青菜をこちらの都合で急に変えてしまうと、愛鳥の側も戸惑ってしまい、食が細くなったり、まったく食べなくなってしまったりすることがあります。体力の衰えてきたオカメインコにとって、少しの絶食でも体調を崩しかねません。エサは切らさないよう多めに買っておいて、万が一の時も考えて、ペレットは数社のものをブレンドして与えておくと安心です。

● 愛鳥のためのバリアフリー

オカメインコも高齢になると、動作がずいぶんゆるやかになり、さまざまな衰えがみられるようになります。

それだけでなく、免疫力や筋力、判断力といったものも、徐徐に失われていきます。

今までなんでもなく出来ていたことが急に困難になってしまうこともあります。

そうなってきたら、エサ箱、水入れを浅くし、深く傾かなくてもラクに食餌ができるような配慮も必要かもしれません。

病に対する抵抗力や免疫力も高齢になった鳥は衰えてきますので、飼育用品の洗浄も今まで以上にていねいに行いたいものです。

また、オカメインコたちは高齢になると、趾の握力も落ちてきて、ケージに寄りかかるようなしぐさが増えたり、時折、止まり木からすべりおちてしまうようなことが増えてきます。

そうなったら、愛鳥がラクに羽を休められるように止まり木の位置を低くしたり、床にも止まり木を固定したりしておくなど、工夫しましょう。

また、そういったものが必要になる日を少しでも遅らせるべく、肥満には日ごろから注意したいものです。

●急な変化はNG

高齢になると、急な環境の変化についていけないこともあります。

視力や判断力も衰えてきますので、あるべき場所にあるものがなくなってしまうと、かえって混乱するかもしれません。エサ箱や水入れの配置は変えないほうが安全に暮らせます。

愛鳥が問題なく生活できているか、愛鳥の目線で飼育環境を改善しましょう。

COLUMN

愛鳥との別れとペットロス

私たち同様、オカメインコもまた、いつかは死を迎えます。わが子同様にかわいがってきた愛鳥の死は、受け入れ難いものですが、この世に生を受けた者の宿命として、避けられないことでもあります。

● ペットロスの定義

イヌやネコより長生きすることも珍しくはないオカメインコですが、私たち人間と比べてしまえばその寿命は、はるかに短命です。

また、時にはオカメインコが寿命をまっとうする前に、突然、死や別れが訪れることもあります。

どれだけ手を尽くしても避けられない死や別離もあるのです。

愛鳥との別れがつらく、悲しみにくれてしまうのは、ある意味、当然のことです。

しかし、その悲しみが強すぎて、食事や睡眠といった日常生活に支障をきたすようであれば、ペットロスを疑い、心理カウンセラーや精神科医などの専門家に相談しましょう。

● 飼育上の後悔は「愛情が深かった証拠」

失った愛鳥への思慕が強すぎたり、飼い主として強い自責の念に駆られてしまったりすると、ペットロスに陥りやすくなります。

「○○すれば助かったかもしれない」、「私が××しなかったから、あの鳥は死んでしまったのだ」。

そんな風に飼い主は、愛鳥の死（別離）は、すべて自分の責任であると思ってしまいがちです。

オカメインコを飼育する中、看護する中で、時には迷いもあったかもしれませんが、飼い主の責任において悩み、その時、最善であろうことを最愛のオカメインコのためにしてきたはずです。

そう考えると、愛鳥の死による深い悲しみと後悔は、真剣に向き合ってきたからこそのものであるといえるのではないでしょうか。

また、愛鳥の存在そのものが心の支

えになっている場合も、その喪失感の大きさから立ち直るのに時間がかかってしまう傾向があります。

愛鳥の死を許し、受け入れること—。それもまた、飼い主として課せられた最後の務めなのかもしれません。

● 愛鳥は「永遠の2歳児」

オカメインコは老鳥になっても、幼かった頃となんらかわらない、優しく愛らしい姿のままです。

成鳥になっても、オカメインコは飼い主の世話なくしては生きられない存在です。彼らは愛らしく甘え上手な「永遠の2歳児」ともいえるのではないでしょうか。成鳥になっても、自立を迎えることがないコンパニオンバードの死は、飼育者に深い傷と悲しみをもたらします。

● ペットロスからの回復

愛鳥を失って悲しく思うことは、特別なことでも恥ずかしいことでもありません。心を許せる友だちや家族に、その辛さや悲しみを聞いてもらうことが立ち直りのきっかけになります。

愛鳥家の集まるインターネット上の掲示板などで、辛い思いを打ち明けるのも良い方法です。それでもなかなか立ち直れない時は、無理をせず専門家(カウンセラー)を頼ってみるのもひとつの手です。

愛鳥の死を口にするのは辛いことですが、悲しみを自分ひとりで抱えこんでしまわないことが大切です。

● 供養は納得のいく形で

庭(私有地)があるなら、土を50cm以上掘って、そこに埋葬することができます。

ペットの遺体をそのまま河原や公園に埋めることは、法律で禁止されていますが、火葬が済んだ遺骨であれば、そういった場所に埋めることも可能です。

ペット専用の霊園や埋葬業者に依頼する際は、料金に幅があるため、希望の供養を伝え、数社から見積もりをとります。合同葬、個別葬、火葬の立会い、埋葬、返骨などが選択できます。また、自治体でもペットの遺体の引き取りをしているところもあります。

● 共に過ごした時間に感謝すること

縁があって自分のもとにやってきて、かけがえのない時間を共有したオカメインコに、心からの感謝の気持ちをささげ、大切な思い出として忘れないでいることが、飼い主としてできる、何よりの供養といえるのではないでしょうか。

オカメインコ血統記録書

個体名		備考	写真
脚輪番号			
孵化年月日			
性別			
品種			
作出者			

父			
母			

スタッフ紹介 staff

■執筆／すずき 莉萌
(MARIMO SUZUKI)

ヤマザキ動物専門学校非常勤講師
公認心理師
早稲田大学人間科学部卒
著書に『世界で一番美しい鳥図鑑』、『大型インコ完全飼育』、『中型インコ完全飼育』、『オカメインコ完全飼育』、『やさしくわかるジュウシマツの育てかた』(すべて小社刊)、他多数。

■9章 執筆および品種監修／島森 尚子
(HISAKO SHIMAMORI)

ヤマザキ動物看護大学動物看護学部教授
早稲田大学大学院文学研究科英文学専攻博士後期課程満期退学
専門は英文学、比較文化
著書に『小鳥図鑑―フィンチと小型インコたちの種類・羽色・飼い方』、『ザ・カナリア―最新の品種・飼育法・繁殖・ケアがわかる(ペット・ガイド・シリーズ)』、訳書に『決定版　ペットバード百科』(すべて小社刊)等。

■11章 医療監修／三輪 恭嗣
(YASUTSUGU MIWA)

日本エキゾチック動物医療センター院長
日本獣医エキゾチック動物学会会長
宮崎大学獣医学科卒業後、東京大学附属動物医療センター(VMC)にて研修。アメリカ、ウィスコンシン大学とマイアミの専門病院でエキゾチック動物の獣医療を学ぶ。帰国後VMCでエキゾチック動物診療の責任者となる。2006年、みわエキゾチック動物病院(現・日本エキゾチック動物医療センター)開院。

■イラスト／大平 いづみ
(IZUMI OHIRA)

浅草生まれのイラストレーター。子供の頃より動物に囲まれた生活を送る。
現在のペットはモルモットのモップとハムスターのコタリョー。
『小動物ビギナーズガイド　モルモット』、『だからやめられない　インコ生活』、『やさしくわかるジュウシマツの育てかた』(すべて小社刊)などのイラストを担当。

■写真／井川 俊彦
(TOSHIHIKO IGAWA)

東京生まれ。東京写真専門学校報道写真科卒業後、フリーカメラマンとなる。1級愛玩動物飼養管理士。『もっとインコと仲良く暮らす本』、『小動物ビギナーズガイド・インコ』、『小動物ビギナーズガイド・文鳥』、『フクロウグッズコレクション1000』、(すべて小社刊)、『図鑑NEO飼育と観察(ペット、小動物担当)』(小学館)他多数。

■デザイン
Imperfect(竹口太朗、平田美咲)

■編集協力
大野由理

■撮影協力
べるかーじぇ(三塚由美子)
ドキドキペットくん
オカメの翔国
豊栄金属工業株式会社

■画像協力(順不同・敬称略)
森近 百合子
中渕 浩文
おさp

【参考文献】

- 『基礎遺伝学』黒田行昭（裳華房）
- 『実践的な鳥の臨床』 NJK2002―2007　海老沢和荘（ピージェイシー）
- 『コンパニオンバードの病気百科』小嶋篤史（誠文堂新光社）
- 『Clinical Avian Medicine VolumeⅠ―Ⅱ』 Harrison-Lightfoot
- 『Clinical Avian Medicine and Surgery: Including Aviculture』 Gred J. Harrison/Linda R. Harrison (W B Saunders Co)
- 『Current Therapy in Avian Medicine and Surgery』 Brian Speer
- 『エキゾチック臨床シリーズ Vol.1 飼い鳥の診療　診療法の基礎と臨床手技』海老沢和荘（学窓社）
- 『エキゾチック臨床シリーズ Vol.4 飼い鳥の臨床検査』海老沢和荘（学窓社）
- 『エキゾチック臨床シリーズ Vol.7 飼い鳥の鑑別診断と治療』海老沢和荘（学窓社）
- 『ペット動物販売業者用説明マニュアル（鳥類）』環境省自然環境局総務課動物愛護管理室
- 『カラーアトラス　エキゾチックアニマル　鳥類編　種類・生態・飼育・疾病』霍野晋吉（緑書房）
- 『インコとオウムの行動学』入交眞巳　笹野聡美（文永堂出版）
- 『鳥類学』 Frank B. Gill（山階鳥類研究所）
- 厚生労働省HP　https://www.mhlw.go.jp/index.html
- MUTAVI　https://www.mutavi.info/

PERFECT《パーフェクト》 PET《ペット》 OWNER'S《オーナーズ》 GUIDES《ガイド》

飼《か》い方《かた》から品種《ひんしゅ》、健康管理《けんこうかんり》、コミュニケーションまで

増補改訂《ぞうほかいてい》 オカメインコ完全飼育《かんぜんしいく》

2024年4月15日　発　行　　NDC488

著　　者　すずき莉萌《まりも》

発 行 者　小川雄一

発 行 所　株式会社 誠文堂新光社

〒113-0033 東京都文京区本郷 3-3-11

電話 03-5800-5780

https://www.seibundo-shinkosha.net/

印刷・製本　図書印刷 株式会社

ISBN978-4-416-72327-2